Walter Eversheim (Hrsg.)
Prozeßorientierte Unternehmensorganisation

Springer

Berlin
Heidelberg
New York
Barcelona
Budapest
Hongkong
London
Mailand
Paris
Santa Clara
Singapur
Tokio

Walter Eversheim (Hrsg.)

Prozeßorientierte Unternehmensorganisation

Konzepte und Methoden zur
Gestaltung „schlanker" Organisationen

Zweite Auflage
mit 112 Abbildungen

Prof. Dr.-Ing. Dr. h. c. Walter Eversheim
RWTH Aachen, Werkzeugmaschinenlabor
Lehrstuhl für Produktionssystematik
Steinbachstraße 53b
52056 Aachen

ISBN-13 : 978-3-642-80248-5   e-ISBN-13 : 978-3-642-80247-8
DOI: 10.1007 / 978-3-642-80247-8

Die Deutsche Bibliothek – CIP-Einheitsaufnahme
Prozessorientierte Unternehmensorganisation : Konzepte und Methoden zur Gestaltung "schlanker" Organisatio-
nen / Walter Eversheim. - 2. Auflage - Berlin ; Heidelberg ; New York ; Barcelona ; Budapest ; Hongkong ; Lon-
don ; Mailand ; Paris ; Santa Clara ; Singapur ; Tokio ; Springer, 1996
ISBN-13 : 978-3-642-80248-5
NE: Eversheim, Walter [Hrsg.]

Einbandgestaltung: Konzept & Design GmbH, Ilvesheim
Satz: Datenkonvertierung durch Lewis & Leins GmbH, Berlin
Herstellung: PRODUserv Springer Produktions-Gesellschaft, Berlin

SPIN: 10510489   60/3020-5 4 3 2 1 0 – Gedruckt auf säurefreiem Papier.

Vorwort zur 2. Auflage

Die Rahmenbedingungen, d. h. das Umfeld für unternehmerisches Handeln, verändern sich in letzter Zeit immer schneller. Damit müssen auch vorhandene Strukturen und Abläufe, die zu der Zeit, in der sie geschaffen bzw. entschieden wurden, sicherlich gut geeignet waren, neu überdacht und auf die Zukunft ausgerichtet werden. Vor diesem Hintergrund führt gerade die Methode der Prozeßorientierung zu neuen Erkenntnissen. Es wird möglich, auf der Basis solcher Ergebnisse zu einfachen Abläufen und Strukturen zu finden.

Gefragt sind einfach zu handhabende Methoden und Hilfsmittel, die den Mitarbeitern die notwendige Hilfestellung geben bei dem Bemühen, die Effektivität und Effizienz im Unternehmen zu steigern. Dieses Buch soll hierzu einen Beitrag leisten. Anhand einer Vielzahl von anschaulich visualisierten und praxisorientiert dargestellten Fallbeispielen wird gezeigt, zu welchen Erfolgen die prozeßorientierte Betrachtung der Unternehmensabläufe führt und wie Reorganisationspotentiale erschlossen werden können. Die erzielten Ergebnisse sollen Leser und Anwender bestärken, die Methoden der „Prozeßorientierten Unternehmensorganisation" in gleich oder ähnlich gelagerten Fällen anzuwenden oder analoge Schlußfolgerungen zu ziehen.

Im Mittelpunkt der Überlegungen stehen die Prozesse der Produktentwicklung und der Auftragsabwicklung, die zweifellos zu den Kernprozessen eines Unternehmens zählen.

Es wird keineswegs der Anspruch erhoben, einen grundsätzlich neuen Denkansatz zu beschreiben und diesen einzig und allein für die Zukunft zu propagieren. Vielmehr soll deutlich werden, welche bisher „verborgenen" Erkenntnisse gewonnen werden können und wie sich die Prozeßorientierung in einen umfassenden Methodenbaukasten einbinden läßt.

Besonderer Dank gilt meinen Mitarbeitern, Dipl.-Ing. *M. Biermann*, Dr.-Ing. *D. Böhmer*, Dr.-Ing. *W. Bochtler*, Dr.-Ing. *Th. Heuser*, Dipl.-Ing. *O. Krah*, Dr.-Ing. *R. Kümper*, Dr.-Ing. Dipl.-Wirt. Ing. *S. Krumm*, Dr.-Ing. *F. Lehmann*, Dr.-Ing. *L. Laufenberg*, Dipl.-Ing. Dipl.-Wirt. Ing. *M. Munz* Dipl.-Ing. *L. Schares*, Dipl.-Ing. *Th. Wolter*, für ihr außerordentliches Engagement bei der Erstellung dieses Buches. Dem Springer Verlag möchte ich für die Aufnahme des Manuskriptes und die gute Zusammenarbeit danken.

Da die erste Auflage eine sehr positive Resonanz gefunden hat und die Inhalte nach Aussagen nicht an Aktualität verloren haben, wurden bei der Neuauflage nur geringfügige Korrekturen vorgenommen.

Ich hoffe, daß die zweite Auflage einem erweiterten Lesekreis eine vergleichbare Hilfestellung geben kann, wie dies offenbar bisher gelungen ist.

Aachen, August 1996 *Walter Eversheim*

Inhaltsverzeichnis

1 Einleitung

„Prozeßorientierte Unternehmensorganisation", eine weitere Organisationsmethode zusätzlich zu den vielen bereits bekannten?, so wird sich vielleicht der fachkundige Leser fragen.

Reichen Strategien wie „Lean Production", Total Quality Management (TQM) sowie Methoden der Gruppentechnologie, des Simultaneous Engineering, der Gruppenarbeit u.ä. nicht aus, um die derzeitigen Probleme vieler Unternehmen zu lösen?

Mit diesem Buch soll der Nachweis geliefert werden, daß der an den Geschäftsprozessen orientierte Denkansatz ein wichtiges Element in dem gesamten Instrumentarium (Tool Kit) zur rationellen Gestaltung von Unternehmensorganisationen darstellt.

Insbesondere die aktuellen rezessiven Entwicklungen in den meisten großen Industrienationen machten deutlich, daß mit vielen Strategien, Methoden und Maßnahmen, die für wachsende Märkte geschaffen und umgesetzt wurden, nun nicht mehr die erwarteten Rationalisierungseffekte zu erzielen waren.

Gefordert ist eine „unbefangene", d.h. von traditionellen, gewachsenen Ablauf- und Aufbaustrukturen losgelöste Betrachtung, Analyse und Gestaltung der Unternehmensprozesse. Erst diese vollkommen andere Sichtweise, mit strenger Konzentration auf die gesamte „Kette" der Geschäftsprozesse vom Markt ausgehend, der Auftragsabwicklung im Unternehmen folgend bis zum Markt zurück, ermöglicht eine klare Identifikation der wertschöpfenden Kernprozesse. Die Geschäftsprozesse, die unmittelbar oder mittelbar einen Beitrag zu den Unternehmenszielen leisten, können eindeutig von den sogenannten indirekten Prozessen abgegrenzt werden, die auch meist aufwandsmäßig bei den Gemeinkosten erfaßt werden.

Diese Transparenz über die komplexen Abläufe im Unternehmen und den damit verbundenen enormen Aufwendungen zu schaffen, ist unabdingbare Voraussetzung, um Strategien wie „Lean Management", TQM oder ressourcenschonende Produktionsprozesse zu realisieren. Die bisherigen Erfahrungen mit Ansätzen zur prozeßorientierten Ablauforganisation zeigen, daß verkrustete, ineffiziente und kostenintensive Organisationsstrukturen im Sinne der Strategie „Lean Production" aufgedeckt, aufgebrochen, verändert und somit verbessert werden.

Dennoch machen die Erfahrungen aus diesen Fallbeispielen auch bereits heute deutlich, wo die Grenzen „rein" prozeßorientierter Organisationsstrukturen liegen. Eine extreme Betonung der sogenannten Prozeßsichtweise führt in manchen Fällen zu schwachen Auslastungen von Ressourcen. Hier ist dann eine über alle Prozeßketten führende Querbetrachtung gefordert, um im Rahmen der Gesamtunternehmensbilanz ein ganzheitliches, an den Unternehmenszielen gemessenes Optimum zu erreichen.

Greift man also die eingangs formulierte, naheliegende Frage nach Sinn und Zweck bzw. Definition und Einordnung der „Prozeßorientierten Unternehmensorganisation" auf, so ist folgendes festzustellen:

Prozeßorientierte Unternehmensorganisation
- ist keine neue Strategie,
- stellt keine Ersatzmethode dar,
- ist nicht ausschließlich singulär anzuwenden,
- bietet vor allem Unterstützung bei der Realisierung von Lean Production,
- unterstützt die Identifikation von sogenannten Kern-Geschäftsprozessen,
- macht den Ressourcenverzehr nach dem Verursachungsprinzip transparent,
- ist ein weiterer wichtiger Baustein im Instrumentarium der Organisationsmethoden, insbesondere bei stagnierenden und rückläufigen Absatzzahlen und Umsätzen.

2 Prozeßorientierung – ein ganzheitlicher Ansatz

In den letzten Jahren sind in vielen Unternehmen mit teilweise großem personellen wie finanziellen Aufwand Rationalisierungsmaßnahmen durchgeführt worden. Trotz des hohen Aufwands hatten diese häufig nicht den gewünschten Erfolg. Die Gründe hierfür sind vielschichtig und bedürfen zur Erläuterung zunächst einer Betrachtung der heutigen Situation der Unternehmen und ihres Umfelds. Nur durch eine Einbeziehung dieser Randbedingungen und deren Veränderungen lassen sich einige Phänomene erklären und künftig Fehler bei der Entwicklung und beim Einsatz neuer Technologien und Methoden vermeiden.

2.1 Die heutige Situation

Die Randbedingungen für das unternehmerische Handeln der Industrieunternehmen in der Welt unterliegen einem immer schnelleren Wandel. Die Analyse und Gestaltung wettbewerbsfähiger Unternehmensprozesse als Antwort auf sich verändernde Randbedingungen erfordern zunächst eine Betrachtung dieser Veränderungen, um die sich daraus ergebenden Auswirkungen auf das Unternehmen abzuleiten. Die Bedeutung der derzeitigen Veränderungen ist dabei am besten vor dem Hintergrund der historischen Entwicklungen und dem sich daraus ergebenden Paradigmenwechsel einzuordnen und zu bewerten. Dies muß, unabhängig von der heutigen Wirtschaftslage, ein stetiger Prozeß sein, denn „das einzig Stabile ist der immer schnellere Wandel" [Nec 91]. Dieser Wandel der unternehmerischen Randbedingungen läßt sich anhand der folgenden Aussagen darstellen (Bild 2.1).

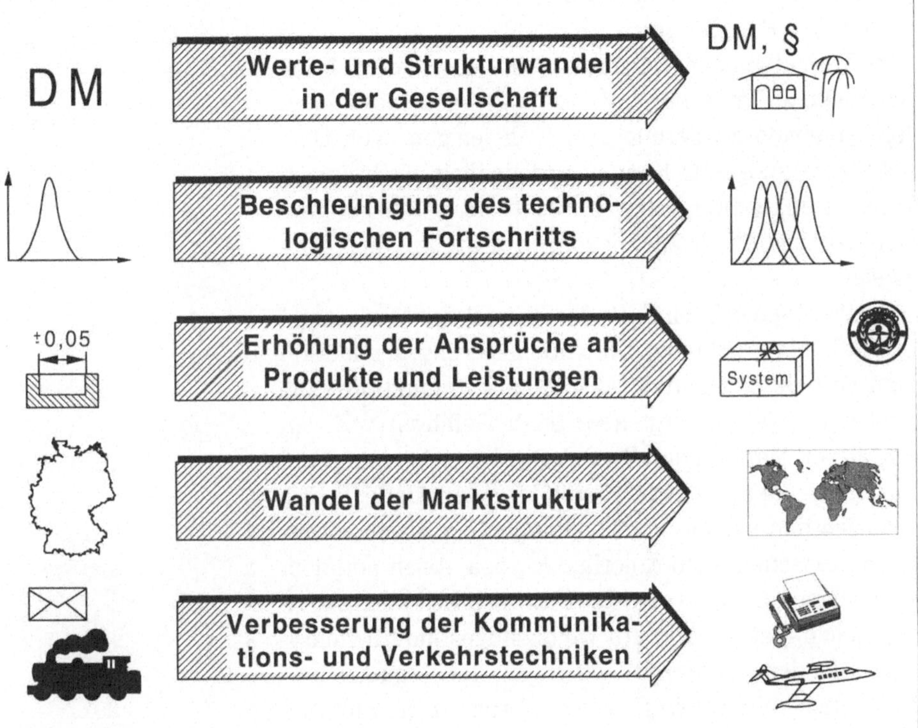

Bild 2.1: Unternehmerische Randbedingungen im Wandel

• Pflicht- und Akzeptanzwerte verlieren an Bedeutung

Der Werte- und Strukturwandel in der Gesellschaft beeinflußt die Strukturen in den Unternehmen ganz entscheidend. Dieser Einfluß ist in konjunkturschwachen Zeiten geringer, muß aber insbesondere bei strategischen Überlegungen berücksichtigt werden. Die Entwicklung geht dahin, daß Pflicht- und Akzeptanzwerte an Bedeutung verlieren, Selbstentfaltungswerte hingegen gewinnen. Die Altersstruktur und die ethnische Struktur der Bevölkerung verändern sich ebenso wie die Bildungsstruktur [Bul 91a]. Dies spiegelt sich aus Sicht der Unternehmen im Arbeitsmarkt wider. Die sich daraus zwar erst mittelbar ergebenden Veränderungen, beispielsweise in der Gesetzgebung, haben aber direkten Einfluß auf das unternehmerische Handeln.

Die Lebenszyklen der Produkte werden ständig kürzer. Technische Neuerungen müssen immer schneller in neue Produkte umgesetzt werden. Der Erfolgsfaktor Geschwindigkeit gewinnt an Bedeutung. Dies gilt gleichermaßen für Produkt und Produktion.

Die Veränderungen der Märkte sind durch wachsende Ansprüche an Produkte und Leistungen gekennzeichnet. Herausragende Forderungen sind diejenigen nach Qualität für bestmögliche Kundenzufriedenheit, nach kurzen Lieferzeiten, gesteigerter Umweltverträglichkeit und nach kompletten Problemlösungen anstelle von Teillösungen.

Darüber hinaus beeinflußt der Wandel der Marktstrukturen die Unternehmen. Die Globalisierung der Märkte kann Vorteile hinsichtlich Absatz- und Produktionsmöglichkeiten bringen, birgt aber auch Gefahren wie den Wegfall von Märkten und Produktionsbereichen aufgrund durchgreifender politischer Veränderungen. Derlei Veränderungen und globale Verschiebungen der Kaufkraftverteilung zwischen Nord-Amerika, Europa, Asien und dem pazifischen Raum sowie die Unwägbarkeit des osteuropäischen Marktes fordern weitsichtiges unternehmerisches Handeln. Weiterhin verlangen die Regionen mit ihren unterschiedlichen Produktanforderungen, Kulturen und Zahlungspotentialen auch angepaßte Lösungen [Ber 92].

Die stetige Verbesserung der weltweiten Verkehrs- und Kommunikationstechniken zwingt dazu, die sich hieraus ergebenden Potentiale z. B. bezüglich einer verbesserten Informationsverarbeitung zur Steigerung der Wettbewerbsfähigkeit sofort zu prüfen und schnell umzusetzen. Die Innovation ist der stärkste Marktmotor, und Gewinne werden zunehmend auf Vorsprüngen bei der Markteinführung begründet. Nur durch die konsequente und schnelle Nutzung neuer Technologien kann die Wettbewerbsfähigkeit der Unternehmen auf diesem Gebiet sichergestellt werden.

Der aufgezeigte Wandel der Randbedingungen bewirkt auch eine Veränderung der Unternehmensziele (Bild 2.2). Während die Begrenzung der Kosten insbesondere im Hinblick auf den Standort Deutschland auch in der Vergangenheit schon von hoher Bedeutung war, so sind das Erzielen von Zeitvorteilen sowie der Einsatz eines ganzheitlichen Qualitätsmanagements zukünftig als gleich-

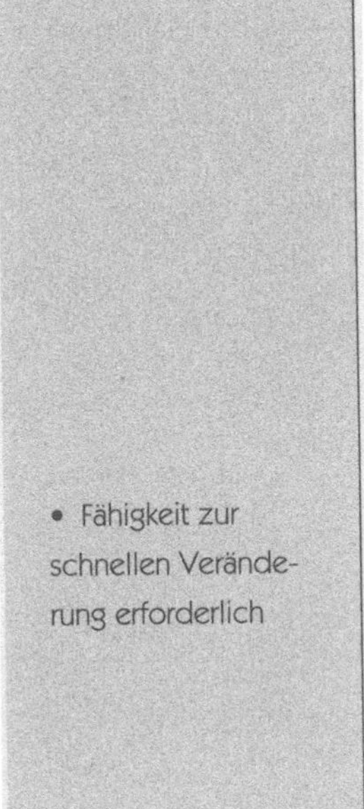

wertige, herausragende Ziele anzusehen. Der Mensch als Integrationsfaktor und Nutzer der Technik wird in Zukunft weiter in den Mittelpunkt unternehmerischen Handelns rücken, denn nur mit qualifizierten und motivierten Mitarbeitern auf allen Ebenen werden die Anforderungen der Zukunft zu bewältigen sein [Sim 93].

Während in der Vergangenheit die Auslastung der Betriebsmittel als erstrebenswert angesehen wurde, so ist dieses Ziel künftig weiter zu fassen. Ziel muß es sein, alle vorhandenen Produktionsfaktoren, häufig auch Ressourcen genannt, in ihrer Gesamtheit optimal zu nutzen. Zu diesen betrieblichen Ressourcen zählen Personal, Betriebsmittel, Gebäude, Kapital und EDV. Die Steigerung der Flexibilität eines Unternehmens wird zukünftig nicht allein auf die Produkte, sondern zunehmend auch auf den Faktor Zeit bezogen werden. Denn nur die Fähigkeit zur schnellen Veränderung trägt zum Erfolg eines Unternehmens bei. Dabei wird die Bedeutung der Ökologie weiter

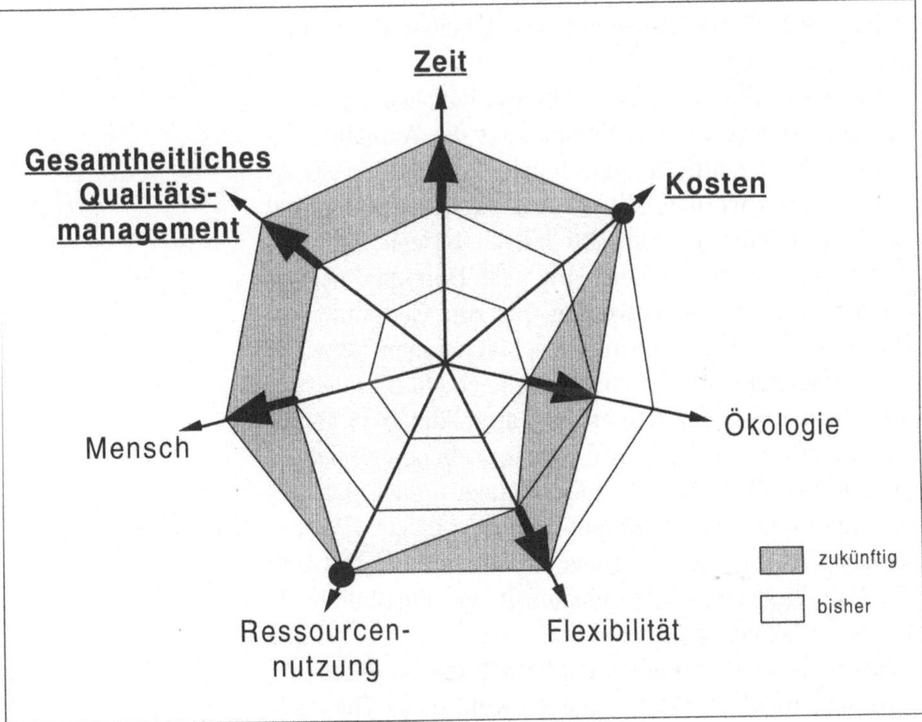

Bild 2.2: Veränderte Bedeutung der Unternehmensziele

wachsen. Die Rahmenbedingungen werden hier zwar wesentlich durch Gesetze und Vorschriften beeinflußt; die Bedeutung des Produktmerkmals Umweltfreundlichkeit wird jedoch weiter zunehmen [Roh 90].

Sollen die genannten Unternehmensziele erreicht werden, so müssen in der Regel zunächst eine Reihe von Schwachstellen beseitigt werden, die häufig aus den gewachsenen Strukturen der Unternehmen resultieren. Diese sind in erster Linie durch eine deutliche funktionale Aufbau- und Ablauforganisation gekennzeichnet. Die Organisation der Unternehmen wurde in der Vergangenheit maßgeblich von den Prinzipien des Taylorismus geprägt [Mil 92a]. Die produktseitigen Voraussetzungen relativ einfacher Produkte unterstützten dieses Prinzip, das mit einer eindimensionalen, funktional orientierten Organisation einherging. Die steigende Komplexität der Produkte und die aufkommenden indirekten Bereiche führten in der Folge zu einer weiteren Funktionsteilung und der Verfestigung dieser Strukturen [Mil 92a, Pet 87]. Die Schwerpunkte der funktionalen Sichtweise sind die stellen- und abteilungsgebundenen Arbeitsumfänge und -inhalte [Sch 90].

Aus dieser Entwicklung resultierte, daß heute je nach Unternehmensgröße und Komplexität der Aufgaben die Abläufe durch statische, funktionale Organisationsstrukturen gelähmt werden. Mit der Auftragsbearbeitung sind häufig eine Vielzahl von Abteilungen beschäftigt (Bild 2.3). Entscheidungen können erst nach Durchlauf mehrerer Instanzen getroffen werden. Bis zum Zeitpunkt der Umsetzung sind die verordneten Maßnahmen teilweise bereits veraltet oder nicht mehr geeignet. Mit diesem Problem haben insbesondere große Unternehmen zu kämpfen, die daher zur Zeit ganze Führungsebenen streichen. Dies ist kein Selbstzweck, sondern liegt in den oben genannten Problemen begründet. Hier liegt u. a. der Vorteil kleiner Unternehmen, die dies im Hinblick auf Nutzung der Vorteile bezüglich Durchlaufzeit und Flexibilität als Chance erkennen müssen.

Ein weiterer Problembereich betrifft die Datenhaltung und die Produktstrukturierung. Obwohl diese Thematik schon seit Jahren in Forschung und Praxis große Bedeutung besitzt, zeigen vorliegende Untersuchungen, daß hier immer noch in erheblichem Maß Handlungsbedarf bei der Umsetzung besteht. Beispielsweise setzen nur sehr wenige Unternehmen der Einzel- und Kleinserienproduktion komplexer, variantenreicher Produkte konsequent eine neutrale Produktstruktur ein. Diese würde die Basis für eine verbesserte oder EDV-gestützte Auftragskonfiguration und für eine Optimierung vieler Planungsprozesse bilden. Statt dessen muß für jeden Auftrag erneut analysiert werden, welche Teile kundenspezifisch hinzugekommen sind

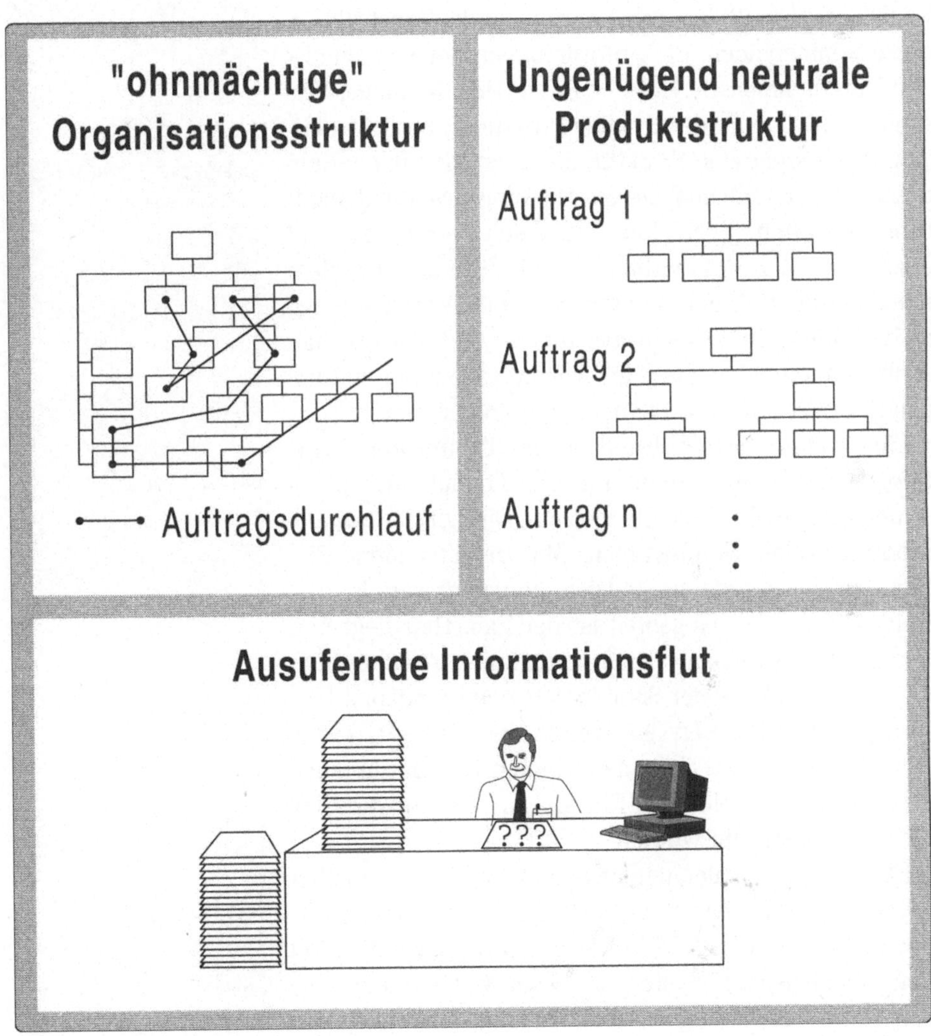

Bild 2.3: Typische Schwachstellen heutiger Unternehmen

und welche Änderungen sich hierdurch für die Disposition, Fertigung und Montage ergeben. Des weiteren wird eine effektive Wiederholteilsuche und die damit verbundenen Aufwandsreduzierungen in Konstruktion/Entwicklung und vor allem in den nachgelagerten Bereichen nicht in ausreichendem Maße unterstützt.

Vorhandene PPS-Systeme sind häufig nicht in der Lage, beliebig viele bereichsspezifische Strukturen zu erzeugen. Sofern die Problematik der anforderungsgerechten Sichtweisen auf ein Produkt in den Unternehmen überhaupt erkannt und angegangen wird, entstehen in der Regel Kompromißlösungen. So versucht die Konstruktion derzeit immer noch, die Anforderungen der verschiedenen Unternehmensbereiche (z. B. Vertrieb, Montage, Versand) beim Aufbau der Produktstruktur zu berücksichtigen. Es entsteht eine Struktur, die zwangsläufig ein Suboptimum darstellt und die Bearbeitung des Kundenauftrags in allen Bereichen erheblich verzögert und erschwert. Zur Verdeutlichung sei hier das Problem erwähnt, das sich den Monteuren in der Außenmontage insbesondere im Sondermaschinen- und Anlagenbau stellt, wenn nicht bekannt ist, welche Teile und Baugruppen in welcher Kiste verschickt wurden [Ev 93a].

Eine weitere Schwachstelle stellt die unzureichende Informationsbereitstellung für die Abwicklung unterschiedlicher Aufgabenstellungen dar. Dies gilt für fast alle produzierenden Unternehmen. Mit zunehmendem Einsatz der EDV wurde ein Teilziel, die papierarme Fabrik, weit verfehlt. Das Gegenteil ist der Fall. Hier liegt u. a. auch ein Vorteil japanischer Unternehmen. Aufgrund der mit der Darstellung der Schriftzeichen verbundenen Problematik fand die EDV erst vergleichsweise spät breite Verwendung, so daß die in den Ländern Europas und den USA gemachten Fehler bei Einsatz und Nutzung der EDV nicht mehr gemacht wurden.

Ein typischer Fehler, der auch heute immer wieder Probleme bereitet, ist, daß bestehende Datenbestände unstrukturiert auf ein EDV-System gebracht werden. Mit dem so belasteten System ist dann vielfach nur eine schnellere Verwaltung des bestehenden Mißstandes zu erreichen. Die erhofften Vorteile treten in der Regel nicht im vollen Umfang ein. Weiterhin werden auch heute noch in vielen Bereichen Insellösungen geschaffen, die miteinander nur über Papier und den Menschen als Schnittstelle kommunizieren können. Eine Fehlerhäufung ist vorprogrammiert.

Untersuchungen zeigen, daß eine Vielzahl von Informationen zwar bereitgestellt, aber nicht benötigt werden, wichtige Informationen zu spät ankommen, aber auch widersprüchliche Informationen vorliegen. Diese Probleme sind zum Teil darauf zurückzuführen, daß vor der Einführung von EDV-Systemen häufig keine Datenstrukturierung durchgeführt worden ist. Weiterhin werden bei der Auswahl und Konfiguration von EDV-Systemen häufig die Gesichtspunkte der anforderungsgerechten Datenbereitstellung nicht in ausreichendem Umfang beachtet. Dies gilt z. B. sowohl bei Unternehmen der Automobilindustrie im Rahmen der Produktentwicklung als auch bei Unternehmen der Einzel- und Kleinserienproduktion komplexer Produkte im Rahmen der Auftragsabwicklung.

Die hier beschriebenen wesentlichen Schwachstellen heutiger Unternehmen bedingen und verstärken sich gegenseitig. Sie äußern sich in einem hohen Liegezeitanteil bei der Auftragsbearbeitung, der teilweise 90 % der gesamten Durchlaufzeit beträgt, einem hohen Anteil der Durchlaufzeit in den indirekten Bereichen sowie einem hohen vermeidbaren Ressourcenverzehr. In diesem Zusammenhang wird auch von Überkomplexität in den Unternehmen gesprochen, die es abzubauen gilt [Rom 93]. Diese Überkomplexität, die sich auch in einer hohen Variantenvielfalt, in Überorganisation und in der Kurzlebigkeit von Entscheidungen und Produkten zeigt, bindet in hohem Maß auch gerade Managementkapazität. Sie entzieht dem Unternehmen Kraft und Mittel und führt zu deutlichen Leistungsdefiziten. Komplexe Unternehmen beschäftigen sich mit sich selbst und konzentrieren sich nicht mehr auf die eigentlichen wertschöpfenden Tätigkeiten [Ev 94a]. Erfahrungen aus Praxis und Wissenschaft zeigen, daß ein komplexes Unternehmen langfristig nicht am Markt erfolgreich sein kann. Es ist nicht in der Lage, die Kundenanforderungen nach preiswerten, qualitativ hochwertigen Produkten und kurzen Lieferfristen zu erfüllen.

• Anforderungsgerechte Datenbereitstellung sicherstellen

Überkomplexität der Unternehmen führt zu hohen Liegezeiten

Diesen Erkenntnissen zum Trotz unterlassen viele Unternehmen bis heute eine Anpassung ihrer Organisation sowohl an die Firmengröße als auch an die immer komplexer werdenden Produktionsaufgaben [The 91]. Ansatzpunkte zur Verbesserung der Wettbewerbsfähigkeit waren in der Regel die Steigerung der Flexibilität in der Produktion und Rationalisierungsbemühungen durch Rechnereinsatz in fast allen Bereichen des Unternehmens [BMF 91]. Durch die Komplexität sowie die starke Anziehungskraft, die von den neuen Fertigungskonzepten (z. B. Computer Integrated Manufacturing) und dem Rechnereinsatz ausging, blieben organisatorische Ansätze und deren Umsetzung vor allem in den planenden und verwaltenden Bereichen häufig unberücksichtigt [Str 88]. Selbst wenn eine systemtechnische Integration durch Schnittstellen realisiert werden konnte, wurden die angestrebten Ergebnisse häufig nicht erreicht. Die fehlende Durchgängigkeit der Organisationsstrukturen und das in den Köpfen der Mitarbeiter verhaftete Bereichsdenken verhinderten die Nutzung der technischen Potentiale.

In den vergangenen Jahren sind vielfach eine große Anzahl europäischer und amerikanischer Manager nach Japan gepilgert, um dort japanische Managementmethoden zu erlernen. Eine einfache Übertragung dieser Strategien auf die Unternehmen im eigenen Land führte aber in der Regel nicht zu den gewünschten Ergebnissen. Dies mußten in umgekehrter Richtung auch japanische Industrielle einige Jahrzehnte zuvor erfahren, als sie versuchten, die tayloristischen Prinzipien in Form der Massenproduktion in Japan einzuführen. Sollen Produktionsstrategien von einem Wirtschaftsraum auf einen anderen übertragen werden, so sind dabei vor allem auch gesellschaftliche und kulturelle Randbedingungen wie auch die jeweiligen Stärken und Schwächen des Bildungssystems mit zu berücksichtigen. Eine Übertragung unangepaßter Strategien findet bei der Belegschaft der Unternehmen keine Akzeptanz und ist zum Scheitern verurteilt.

Es bleibt festzustellen, daß den Unternehmen heute zwar eine verwirrende Vielzahl von Konzepten, Methoden, Hilfsmitteln und Philosophien zur Steigerung der Wettbewerbsfähigkeit zur Verfügung steht, deren Einsatz aber nur selten zu dem gewünschten Ergebnis führt (Bild 2.4). Es reicht nicht aus, z.B. CIM und TQM (Total Quality Management) isoliert zu betrachten oder lediglich eins von beiden im Unternehmen einzuführen. Auch die einseitige Ausrichtung der Maßnahmen an abteilungsspezifischen Bedürfnissen verhindert in vielen Fällen ein bereichsübergreifendes Optimum. Nicht zuletzt besteht zusätzlich die Gefahr, daß durch Schlagworte wie „CIM" und insbesondere „Lean Production" eine hohe Erwartungshaltung erzeugt wird, aber niemand genau ausdrückt, was im Einzelfall die geeignete, umsetzbare Maßnahme ist.

Bild 2.4: Vorhandene Methoden, Philosophien und Strategien

Ein Beispiel soll die bisherige Vorgehensweise in vielen Unternehmen verdeutlichen. Zunächst wurde versucht, die Effizienz der Abteilungen durch bereichsspezifische Maßnahmen zu verbessern. Hierzu trug maßgeblich die gesteigerte Leistungsfähigkeit der EDV bei, die u. a. die Entwicklung und den Einsatz von CAD-Systemen ermöglichte. Damit wurden zwar bereichsspezifische Probleme teilweise gelöst, aber bei näherer Betrachtung zeigte sich, daß neue Probleme in anderen Abteilungen auftraten. Noch heute ist festzustellen, daß mit dem CAD-Einsatz ohne geeignete Produktstrukturierung und fehlende Systematik bei der Wiederholteilsuche die Anzahl der Zeichnungen und Teileidentnummern stark ansteigt. Es ist in diesem Fall für den Konstrukteur rationeller, eine einfache Zeichnung (z. B. eine Welle) schnell neu anzufertigen, als eine ähnliche bzw. bereits vorhandene Welle umständlich zu suchen. Damit steigt aber der Aufwand in der Arbeitsvorbereitung bei der Erstellung eines neuen Arbeitsplans, des NC-Programms etc. Daß dies kein Einzelfall ist, zeigt sich in Untersuchungen, nach denen in vielen Unternehmen die Zahl der Sachnummern von 1975 bis 1990 um 400 % anstieg.

Es wird deutlich, daß ein Bereichsoptimum durchaus im Widerspruch zum Gesamtoptimum stehen kann. Die Bestrebungen müssen somit dahingehen, alte funktional orientierte Strukturen zu hinterfragen, anzupassen und gegebenenfalls aufzulösen. Alle Rationalisierungsmaßnahmen, auch in einzelnen Bereichen, müssen auf ein Gesamtoptimum für das Unternehmen ausgerichtet sein und nicht auf lokale Bereichsinteressen. Ein entsprechender Lösungsansatz wird im folgenden geschildert.

2.2 Der neue Denkansatz

„Vollkommenheit entsteht offensichtlich nicht dann, wenn man nichts mehr hinzuzufügen hat, sondern wenn man nichts mehr wegnehmen kann" [Sai 89]. Dieser Erkenntnis von Antoin de Saint-Exupéry müssen die Unternehmen folgen, die Effektivität und Effizienz anstreben. Übertragen bedeutet dies, daß die Unternehmen sich auf ihre ureigensten Aufgaben konzentrieren müssen: die Entwicklung, die Produktion und den Vertrieb von Produkten. Nur die Fokussierung der Unternehmensaktivitäten und -ressourcen auf die Optimierung dieser Wertschöpfungsprozesse kann auch langfristig die Wettbewerbsfähigkeit des Unternehmens auf einem globalen und immer härter umkämpften Markt sicherstellen.

Einen Lösungsansatz, der dieses Ziel verfolgt, stellt die prozeßorientierte Organisation dar. Die Prozeßorientierung betrachtet den Durchlauf des Auftrags durch das Unternehmen, unabhängig davon, ob es sich um einen externen Kundenauftrag oder einen internen Entwicklungsauftrag handelt. Hierzu setzt sich der Betrachter „bildlich gesprochen" auf den Auftrag und durchläuft mit diesem den gesamten Prozeß. Nachfolgend sind die Abläufe so zu modifizieren, daß der Auftrag bei Einhaltung der geforderten Qualität möglichst schnell und ressourcenschonend durch das Unternehmen läuft. Hierzu können beispielsweise Tätigkeiten aus dem direkten Auftragsdurchlauf herausgelöst und parallel bearbeitet oder auch die Abfolge der Tätigkeiten verändert werden. Zur weiteren Erläuterung der prozeßorientierten Sichtweise wird der Begriff des Prozesses zunächst gegenüber der Funktion abgegrenzt.

• Die Funktion ist eine strukturorganisatorische Zusammenfassung von Teilaufgaben

Die Funktion ist als Ergebnis einer Aufgabenanalyse eine strukturorganisatorische Zusammenfassung einer oder mehrerer Teilaufgaben [Kos 76]. Dies kann stellenbezogen eine einzelne Tätigkeit, wie z. B. die Stücklistenerstellung, stellenbereichsbezogen eine Abteilung, wie die Konstruktion, oder systembezogen eine bereichsgebundene Computerunterstützung, wie die Funktion Vermaßung eines CAD-Systems, sein. Auch die systemtechnische Unterstützung bezieht sich auf einzelne Tätigkeiten im Rahmen einer stellengebundenen Aufgabe, unabhängig davon, wer diese Funktionen wann und in welchem Zusammenhang zur Leistungserstellung benötigt. Die stellen- oder abteilungsgebundenen Arbeitsumfänge und -inhalte sind somit die Schwerpunkte der funktionalen Sichtweise [Sch 90]. Ziel ist dabei die Elementarisierung der Verrichtung, d. h. des Vorgangs, *wie* aus einem Eingangs- ein Ausgangsobjekt wird, und zwar durch das, *was* den Objekten hinzugefügt wird [Mls 92].

Für einfache Tätigkeiten, die nur einen geringen Vernetzungsgrad bei geringer inhaltlicher Abhängigkeit aufweisen, sind die hieraus resultierenden stark arbeitsteiligen Strukturen sinnvoll und vorteilhaft. Die Spezialisten für die Einzeltätigkeiten können diese durch die entsprechende Fachkenntnis, Übung und spezifische Hilfsmittel mit optimaler Effektivität durchführen. In der heutigen Zeit ist aber in der Regel die Komplexität der Produkte und der zugehörigen Tätigkeiten in Entwicklung und Produktion hoch und nimmt noch weiter zu. Daher wird das Zusammenspiel der einzelnen Tätigkeiten einen immer höheren Stellenwert einnehmen. Ein Entwicklungs- oder Kundenauftrag kann nur noch dann optimal abgewickelt werden, wenn alle Mitarbeiter gemeinsam auf dieses Ziel hinarbeiten und sich gegenseitig im Sinne einer schnellen und fehlerfreien Aufgabenerfüllung unterstützen.

Eine ablauforganisatorische Zusammenfassung von Aufgaben bildet einen Prozeß [Gai 83]. Im Gegensatz zur Funktion steht hier nicht die Relation zwischen Eingang und Ausgang im Vordergrund. Beschreibungsziel ist vielmehr die eigentliche Existenz von Prozessen, deren endlicher Zeitbedarf und Ressourcenverzehr sowie deren komplexe Vernetzung (Bild 2.5). Von besonderer Bedeutung ist die Transparenz über die Unternehmensabläufe, die hierdurch erreicht werden kann.

Durch die Verknüpfung von Teilprozessen zu sogenannten Prozeßketten wird der Versuch unternommen, die Unternehmensaktivitäten übergreifend sowohl technisch als auch organisatorisch zu integrieren [Mls 92]. Durch diese ablauforientierte Organisationsgestaltung kann auch eine höhere Flexibilität bezüglich Störungen oder auch Änderungen der Aufgabenstellung gewährleistet werden. Gleichzeitig ist dies auch die Voraussetzung, um der Forderung nach der Reduzierung der Liegezeiten im Unternehmen nachkommen zu können [Mil 92b].

Die Möglichkeiten, die sich durch eine prozeßorientierte Organisation ergeben, sind vielfältig. Durch die konsequente Prozeßorientierung ist Transparenz über die entsprechenden Prozeßketten, deren Ressourcenverzehr und Beitrag zur Wertschöpfung herstellbar. Dadurch entsteht die zum Komplexitätsausgleich aufgrund wechseln-

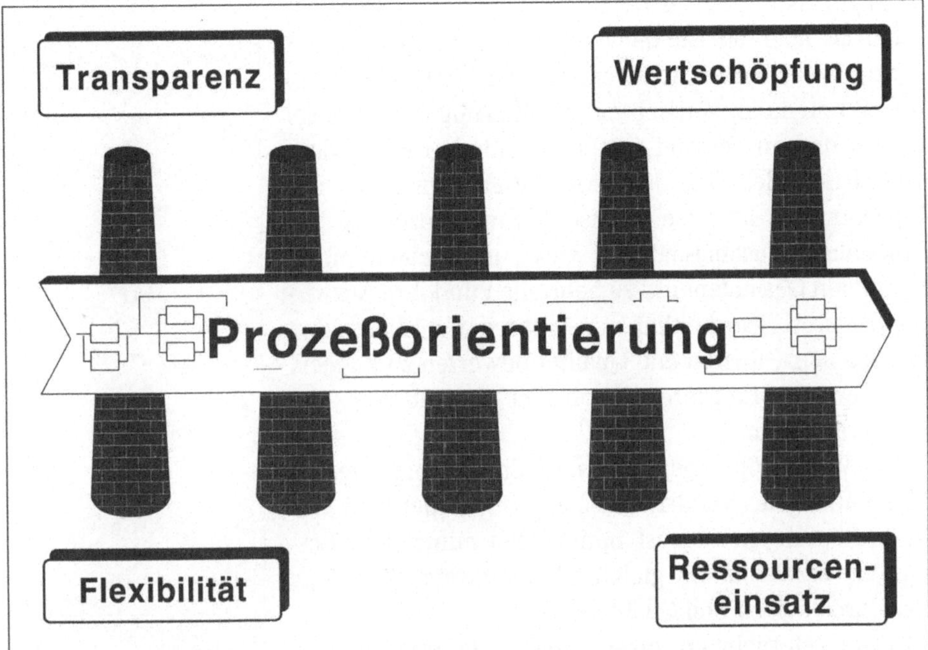

Bild 2.5: Prozeßorientierung - „die neue Denkweise"

• Beherrschte Abläufe bringen einen großen Wettbewerbsvorteil

der Randbedingungen notwendige Flexibilität. Dies wird insbesondere deutlich, wenn man die Gewichtung der Parameter zur nachhaltigen Differenzierung vom Wettbewerb betrachtet. Hierbei haben Untersuchungen gezeigt, daß durch eine gut organisierte Ablauforganisation eine Differenzierung vom Wettbewerb je nach Branche um bis zu 10 Jahre möglich ist. Im Vergleich dazu liefert ein neues Produkt einen Vorsprung bis zu 3 Jahren und eine neue Fertigungstechnologie bis zu maximal 5 Jahren [Mey 92]. Nach diesem Zeitraum hat die Konkurrenz spätestens das Produkt analysiert und nachempfunden beziehungsweise gleichwertige Fertigungstechnologien eingeführt. Allein die individuellen und der Konkurrenz nicht transparenten Geschäftsprozesse eines Unternehmens können einen deutlichen Wettbewerbsvorteil sicherstellen.

Der richtige Einsatz der heute verfügbaren Methoden, Hilfsmittel, Konzepte und Philosophien hat sich im Sinne der erläuterten Prozeßorientierung auf die Optimierung des gesamten Wertschöpfungsprozesses zu konzentrieren. Die Wertschöpfung wird bisher nach VDMA

[VDM 92] als Betriebsertrag minus Vorleistung definiert. Dabei ist aber im Einklang mit der oben geforderten Sichtweise zu berücksichtigen, daß der Wertschöpfungsprozeß bereits im Vertrieb mit der Klärung des Auftrags beginnt und im Versand mit der Erfüllung des Kundenwunsches endet. Ziel der Prozeßorientierung und der Konzentration auf den Wertschöpfungsprozeß ist es, Rationalisierungsmaßnahmen stets unter einem übergreifenden Gesichtspunkt zu beurteilen und ihre Auswirkungen stets ganzheitlich hinsichtlich der Zielgrößen Durchlaufzeit, Kosten und Qualität bewerten zu können. Der Wertschöpfungsprozeß soll hier deshalb wie folgt definiert werden:

„Der Wertschöpfungsprozeß umfaßt alle Vorgänge, die zur Erfüllung des Kundenwunsches erforderlich sind. Der Wertschöpfungsprozeß ist optimal bei minimalem Ressourcenverzehr unter gleichzeitiger Berücksichtigung von Durchlaufzeit und Qualität."

Die im Unternehmen eingesetzten Produktionsfaktoren werden zur Durchführung der verschiedenen Aufgaben eingesetzt und bestimmen die Höhe der entstehenden Kosten, z. B. im Rahmen der Auftragsabwicklung. Prinzipiell können Prozesse im Unternehmen mit unterschiedlichem Detaillierungsgrad betrachtet werden. Daher ist es zwar möglich, eine Einteilung in verschiedene Ebenen zur besseren Erfassung der Zusammenhänge vorzunehmen. Stets ist jedoch von dem Bewußtsein auszugehen, daß ein Teilprozeß (z. B. ein Fertigungsprozeß) in den übergeordneten Prozeß der Auftragsabwicklung eingebettet ist. Damit wirkt sich eine Optimierung des Teilprozesses auch auf diesen aus.

Verschiedene Beispiele sollen das oben skizzierte Prozeßverständnis verdeutlichen (Bild 2.6). Wenn eine Zeichnung aufgrund von unklaren Vorgaben erstellt und nachfolgend in der Fertigung nach dieser Werkstattzeichnung fehlerfrei gearbeitet wird, kann trotzdem nicht immer von Wertschöpfung gesprochen werden. Stellt sich heraus, daß die Zeichnung fehlerhaft war und somit auch das Bearbeitungsergebnis den Anforderungen nicht entspricht, wurden lediglich Ressourcen verzehrt. Unter diesem Blickwinkel zählen auch die Aktivitäten im Vertrieb, beispielsweise im Rahmen der Auftragsklärung, zum Wertschöpfungsprozeß. Erst wenn das Produkt mit dem gewünschten Ergebnis verkauft wurde, ist der Wertschöpfungsprozeß abgeschlossen.

Zur Ermittlung und Gestaltung wettbewerbsfähiger Unternehmensprozesse ist eine dreistufige Vorgehensweise erforderlich. Unverzichtbare Voraussetzung zur Ableitung von Rationalisierungsmaßnahmen ist die Vorgabe von Zielen seitens des Managements. Hierbei ist insbesondere darauf zu achten, daß die Ziele auch umsetzbar sind. Zusätzlich ist die Positionierung auf dem Markt vorzunehmen. Im Zuge der Bildung großer wirtschaftlicher Einheiten in Europa, Amerika und Asien und der zunehmenden Globalisierung birgt dies Chance und Risiko zugleich.

Der zweite Schritt beinhaltet eine detaillierte Ablaufanalyse im Unternehmen mit dem Ziel, Transparenz über das wirkliche Betriebsgeschehen zu erzielen und somit die firmenspezifischen Kernprozesse ermitteln zu können.

Untersuchungen des WZL haben dabei gezeigt, daß selbst in kleineren Unternehmen für Abteilungsleiter nicht mehr alle Vorgänge transparent sind, da sich neben den festgelegten Ablauf- und Aufbaustrukturen eigene Kommunikationsstrukturen herausgebildet haben. Erst wenn die tatsächlich ablaufenden Prozesse im Unternehmen bekannt sind, können sinnvolle Maßnahmen abgeleitet werden, die über eine erneute, lediglich auf dem Papier festgeschriebene Reorganisation hinausgehen. Diese Voraussetzung gilt gleichermaßen für einen Produktentwicklungsprozeß in der Automobilindustrie und einen Auftragsabwicklungsprozeß in Unternehmen des Sondermaschinen- und Anlagenbaus.

Im dritten Schritt erfolgt aufbauend auf der erzeugten Transparenz die Definition der unternehmensspezifischen Kernprozesse und die Ermittlung der Schwachstellen bezüglich der vorgegebenen Ziele. Nachfolgend besteht die Möglichkeit, eine Prozeßoptimierung hinsichtlich verschiedener Gestaltungsfelder durchzuführen. Diese Gestaltungsfelder lassen sich in die drei Kategorien Mensch, Technik und Organisation einteilen, auf die im folgenden Kapitel noch detailliert eingegangen wird.

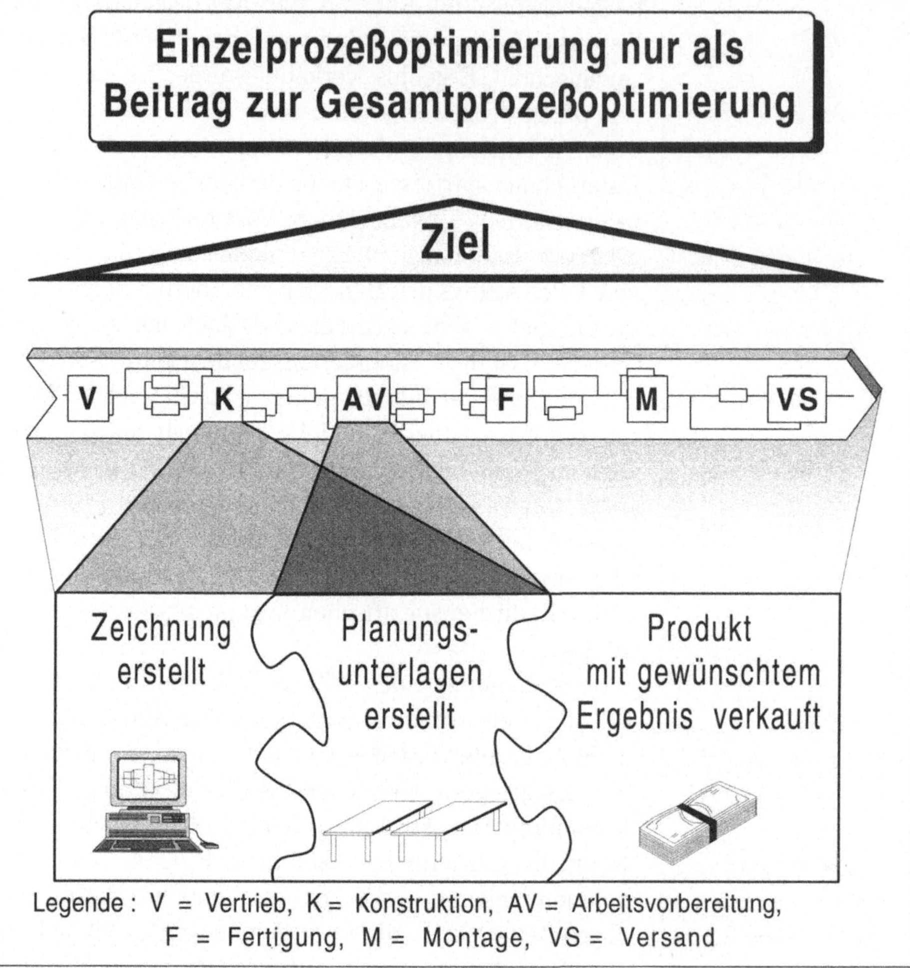

Bild 2.6: Optimierungsziel Gesamtprozeß

Umfangreiche Erfahrungen in Industrie und Forschung haben ergeben, daß in einem Unternehmen zwei Prozeßketten besonders wichtig und wettbewerbsentscheidend sind. Dabei handelt es sich um die Prozeßketten der Produktentwicklung in Unternehmen der Serien- und Massenproduktion und der Auftragsabwicklung in der Einzel- und Kleinserienproduktion. Aufgrund der vorliegenden Komplexität der Prozeßketten muß durch eine Modellbildung der Betrachtungsumfang des Problems auf die relevanten Aspekte reduziert werden. Zur Unternehmensanalyse und -modellierung wird heute eine Vielzahl

• Die Produktentstehung und die Auftragsabwicklung sind die zentralen Unternehmensprozesse

von Methoden und Hilfsmitteln mit unterschiedlichen Zielsetzungen angeboten und eingesetzt [Mer 92, CIM 92]. Eine praxisnahe Methode speziell für die Prozeßanalyse fehlte bislang jedoch noch. Daher wurden am WZL Methoden speziell für die Optimierung der Produktentwicklung und Auftragsabwicklung entwickelt, die ausführlich in den Kapiteln drei und vier beschrieben sind.

Die Prozesse der Produktentstehung sind durch den Anspruch gekennzeichnet, externe Kundenanforderungen und interne technische wie organisatorische Anforderungen verbinden zu müssen. Die Komplexität der hieraus resultierenden Koordinationsleistung kann beliebig hoch werden. In diesem Zusammenhang ist es von großer Bedeutung, daß in den Entwicklungs- und Konstruktionsbereichen ca. 70 % der Kosten festgelegt werden [Ev 90b]. Daher ist gerade in den frühen Phasen der Produktentstehung ein hoher Aufwand zu leisten, der auch ein intensives Projektmanagement erforderlich macht. Hier müssen Teilziele innerhalb des großen Arbeitsumfangs definiert und terminiert werden. Nur so kann eine entsprechende Ergebnis- und Terminüberprüfung sichergestellt werden. Aufgrund des hohen Neuheitsgrades des Produktes sind die Prozesse der Produktentstehung nicht exakt vorherzubestimmen. Daher ist für die Beschreibung der Prozesse auch ein geringerer Detaillierungsgrad anzustreben als beispielsweise für Prozesse der Auftragsabwicklung. In der Regel werden in einem Unternehmen nur wenige ähnliche Entwicklungsaufträge parallel bearbeitet. Diese relativ geringe Wiederholhäufigkeit läßt dementsprechend keine statistisch abgesicherten Aussagen z. B. über die Dauer von Prozessen zu. Daher ist hier eine ergebnisorientierte Vorgehensweise erforderlich, die sich an den terminierten Zwischenergebnissen der Produktentstehung und den zur Erreichung dieser Ziele erforderlichen Prozeßketten orientiert.

Die kundenspezifische Auftragsabwicklung im Unternehmen kann gegenüber der Produktentstehung durch die größere Wiederholhäufigkeit der Prozesse detaillierter beschrieben werden. Diese Daten liefern Ansatzpunkte für eine Verbesserung der Abläufe. Der höhere Detaillierungsgrad der Prozeßmodellierung ist für die Auftragsabwicklung auch erforderlich, da auftretende Probleme, wie eine mangelhafte Informationsbereitstellung, nur so zu erkennen sind. Ziel ist hier die verbesserte Abstimmung der Teilprozesse, um einen möglichst optimalen Auftragsdurchlauf sicherzustellen. Daher ist eine ablauforientierte Vorgehensweise entwickelt worden, die eine besonders transparente Darstellung der Auftragsabwicklungsprozesse erlaubt und die Ermittlung von Schwachstellen unterstützt.

Der Einsatzbereich der beiden Methoden ergibt sich aus ihren Betrachtungsschwerpunkten (Bild 2.7). Die ergebnisorientierte Methode findet Anwendung in der kundenneutralen Entwicklung und Produktion von Massenprodukten, wie z. B. Haushaltsgeräten oder ähnlichen Konsumgütern. In der Serienproduktion hat sich zumindest im Bereich der Produktentwicklung ebenfalls eine ergebnisorientierte Vorgehensweise bewährt. Findet

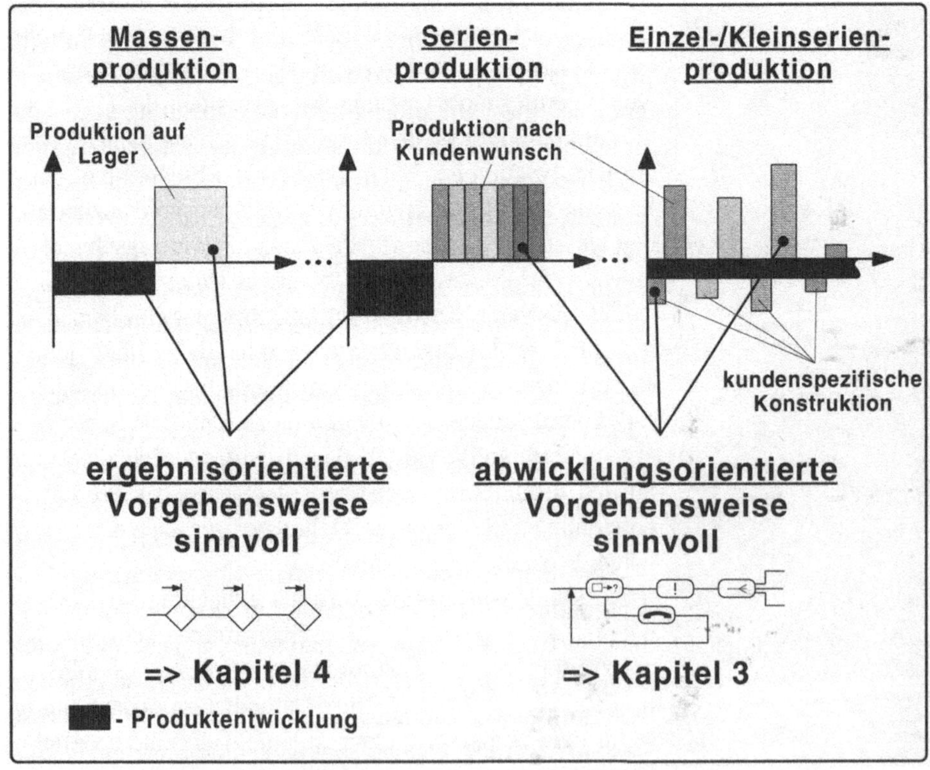

Bild 2.7: Ausprägung der Prozeßketten Produktentwicklung und Auftragsabwicklung

aber, wie z. B. im Automobilbau, eine kundenauftragsgebundene Produktion statt, so empfiehlt sich aufgrund der erforderlichen detaillierteren Analysen und der Wiederholhäufigkeit der Teilprozesse eine ablauforientierte Vorgehensweise. In der Einzel- und Kleinserienproduktion werden in der Regel sowohl die Konstruktions- als auch die Herstellungsprozesse kundenauftragsspezifisch durchgeführt. Trotz der teilweise großen Änderungen, die auftragsbezogen an den Produkten durchgeführt werden müssen, sind die Abläufe im Unternehmen erfahrungsgemäß relativ ähnlich. Hier ist vor allem die Optimierung und Koordination der Teilprozesse auf einem detaillierten Niveau erforderlich. Daher empfiehlt sich, wie auch bei der Auftragsabwicklung in der Automobilproduktion, die Anwendung einer ablauforientierten Vorgehensweise.

In vielen Unternehmen der Einzel- und Kleinserienproduktion werden die Produkte parallel zum sogenannten Tagesgeschäft auch kundenneutral weiterentwickelt beziehungsweise im Rahmen von Großprojekten sehr umfangreiche Entwicklungs- und Projektplanungsaufwände geleistet. Zur Strukturierung dieser Tätigkeiten ist ergänzend zur ablauforientierten Betrachtung auch eine ergebnisorientierte Strukturierung der Tätigkeiten sinnvoll. Dadurch kann insbesondere bei längeren Projektlaufzeiten die Überwachung des Projektfortschritts gewährleistet werden.

Zur Bewältigung der kommenden Herausforderungen müssen die Unternehmen firmenspezifisch prüfen, welche Prozesse ihre Wettbewerbsfähigkeit maßgeblich beeinflussen. Die Identifikation und Festlegung der Prozesse, die wettbewerbsfähig gestaltet werden sollen, hängt unter anderem von der Firmengröße, dem Produktspektrum, der Produktstruktur sowie der Organisation ab. Allgemein läßt sich sagen, daß für Unternehmen der Einzel- und Kleinserienproduktion die Auftragsabwicklung und für Unternehmen mit Serienproduktion die Produktentwicklung wichtige Kernprozesse darstellen. In jedem Fall muß es das Ziel sein, den wertschöpfenden Anteil zu erhöhen. Wie nun unternehmensspezifisch ermittelte Prozesse gestaltet werden können und welche Parameter die entscheidende Rolle spielen, wird im folgenden erläutert.

2.3 Die Optimierungsgrößen

Die Neugestaltung der Geschäftsprozesse in einem Unternehmen muß unter Berücksichtigung der Faktoren Mensch, Technik und Organisation erfolgen (Bild 2.8). Insbesondere der Mensch ist in einer Zeit wachsender Komplexität und Technisierung sowie der erforderlichen Konzentration auf den Wertschöpfungsprozeß vorrangig zu betrachten [Kro 93]. Nur er gewährleistet die erforderliche Flexibilität und stellt sicher, daß angestrebte Verbesserungsmaßnahmen auch umgesetzt werden.

Die im Unternehmen eingesetzte Technik muß auf die Anforderungen der Prozeßorganisation abgestimmt werden. Dies bedeutet zum einen, daß die technischen Systeme möglichst integriert werden sollten, um die Anzahl der Schnittstellen zu reduzieren. Zum anderen sind die Hilfsmittel und Systeme so zu gestalten, daß sie die durchzuführenden Prozesse möglichst gut unterstützen. Darunter ist z. B. eine anforderungsgerechte Datenbereitstellung zu verstehen, mit der sichergestellt wird, daß der Bearbeiter nach Inhalt und Form genau die Informationen erhält, die er zur Erfüllung seiner Aufgabenstellung benötigt. Dies gilt nicht nur für eine EDV-gestützte Datenbereitstellung,

• Nur mit dem Menschen im Mittelpunkt sind bleibende Verbesserungen möglich

• Die Technik muß auf die optimale Unterstützung des Menschen ausgelegt sein

Bild 2.8: Gestaltungsfelder für Prozesse

sondern in besonderen Maße auch für die konventionelle Informationsbereitstellung.

Die Bedeutung einer Systemintegration ist vor allem bei einer hohen Fehleranfälligkeit der nachfolgenden Prozesse von großer Bedeutung. Treten an den Schnittstellen Medienbrüche auf, so ist mit hohen Fehler- und Fehlerfolgekosten zu rechnen, die es zu vermeiden gilt. Von großer Bedeutung für den Technikeinsatz ist die Schnelligkeit, mit der innovative Technologien im Unternehmen eingeführt und angewendet werden. Wird eine neue Technologie eingeführt, so sollte durch eine frühzeitige Information und ausreichende Schulung die Motivation, mit dem System zu arbeiten, erhöht werden.

Bei der prozeßorientierten Ablaufgestaltung sind sowohl Ablauf- als auch Aufbauorganisation an die geänderten Anforderungen anzupassen. Die dafür notwendige Umorientierung von der Funktionsausrichtung auf einen ganzheitlichen Prozeßansatz bedeutet, daß Einsparungen nicht an einer einzelnen Stelle, sondern durch eine schlanke Organisation über dem gesamten Prozeß erreicht werden sollen. Bei der prozeßorientierten Organisation sind mit dem Ziel einer Schnittstellenreduzierung sowohl räumliche als auch funktionale Strukturen zu hinterfragen. Die mit dieser Aufgabenstellung betrauten Mitarbeiter werden in Arbeitsgruppen, sogenannten Teams, zusammengefaßt. Der Zusammensetzung und Organisation dieser Teams kommt im Rahmen der Prozeßorganisation eine große Bedeutung zu. Den einzelnen Mitarbeitern der sowohl bereichs- als auch hierarchieunabhängig formierten Gruppen sind definierte Teilaspekte der Gesamtaufgabe verantwortlich zu übertragen.

Die Mitarbeiterteams sind als selbststeuernde Regelkreise zu organisieren, damit Störungen im Ablauf weitgehend eigenständig beseitigt werden können und damit eine schnelle und flexible Reaktion möglich wird [Böh 93]. Die Hilfsmittel und Systeme zur Unterstützung der Prozeßdurchführung sollten diesem Grundsatz folgend auch von den Mitarbeitern weitgehend dezentral geplant und konsequent am Prozeß ausgerichtet werden. Der Nutzungsgrad der Hilfsmittel und Systeme ist dann wesentlich höher.

2.3.1 Der Mensch im Mittelpunkt

Im Rahmen der prozeßorientierten Umgestaltung ist die Einbeziehung der Mitarbeiter aller Hierarchieebenen von besonderer Bedeutung. Eine optimale prozeßorientierte Ablauforganisation muß von allen und dabei insbesondere von den Mitarbeitern getragen werden, die die Prozesse durchführen. Diese „Processowner" müssen sich mit den Prozessen identifizieren, damit die mit der Prozeßorganisation erschlossenen Potentiale auch wirklich ausgeschöpft werden können. Daher ist es bei der Bildung der Projektteams von besonderer Bedeutung, neben Führungskräften gerade auch diese Mitarbeiter einzubeziehen, die zugleich das detaillierte Prozeß-Know-how haben. Werden die Prozesse „bottom-up" entwickelt, ist die Akzeptanz für die getroffenen Maßnahmen auch bei den nicht im Projektteam beteiligten Mitarbeitern in der Regel sehr hoch.

Es ist wichtig, die Motivation möglichst aller Mitarbeiter schon im Vorfeld sicherzustellen (Bild 2.9). Die Führungskräfte und die Mitglieder der mit einer Umgestaltung betrauten Projektteams sind in der Regel bereits motiviert, da ihnen die Gesamtzusammenhänge vertraut sind. Für die Motivation der Mitarbeiter auf operativer Ebene ist es daher wichtig, über bevorstehende Veränderungen und deren Hintergründe frühzeitig informiert zu werden. Die erfolgreiche Umsetzung von Maßnahmen im Rahmen der Prozeßorientierung erfordert ein hohes Maß an Flexibilität, das ebenso wie ein sicheres Umfeld und verläßliche Rahmenbedingungen von der Unternehmensleitung zu gewährleisten ist. Sind prozeßorientierte Strukturen einmal aufgebaut, so müssen die Grundlagen der Entlohnung und Beurteilung angepaßt werden. Richtschnur sind dann der Erfolg sowie die Verbesserungen bezogen auf den ganzen Prozeß und nicht auf einzelne Suboptima. Hierfür ist insbesondere auch die Einrichtung eines funktionierenden Vorschlags- und Änderungswesens von großer Bedeutung. Verbesserungen werden nur solange vorgeschlagen und angestrebt, wie ersichtlich ist, daß auch eine angemessene Reaktion auf die eingereichten Vorschläge erfolgt. Hierbei sind langfristig häufig

- **Motivation aller Beschäftigten durch:**
  - Flexibilität
  - sicheres Umfeld
  - prozeßorientierte Entlohnung
    und Beurteilung

- **Verantwortung**
  - an Prozessen orientieren
  - delegieren

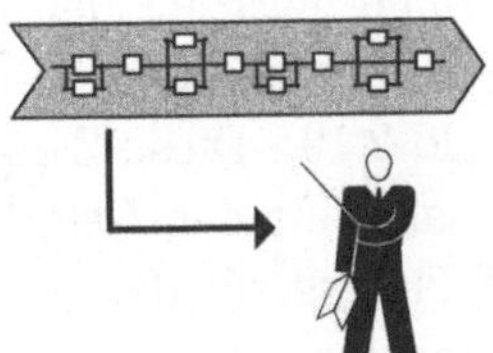

- **Schulung aller Beschäftigten:**
  - prozeßorientiertes Denken
  - Kommunikation
  - Kooperation

- **Führen statt Managen**

Bild 2.9: Ausrichtung auf den Menschen

• Mitarbeiter müssen in der prozeßorientierten Denkweise geschult werden

Anerkennung und Schulungsmaßnahmen bessere Motivationsfaktoren als die Zahlung reiner Geldprämien.

Um das Ziel einer effizienten, an den Prozessen ausgerichteten Ablauforganisation zu erreichen, sind die Mitarbeiter auf allen Hierarchieebenen zu schulen. Das prozeßorientierte Denken und Handeln muß allen Beschäftigten bewußt werden. Dies ist ein länger andauernder Prozeß, dessen Erfolg nicht zuletzt von der Kommunikation zwischen den Mitarbeitern abhängt. Damit kommt der Schulung der Kommunikationsfähigkeit der Mitarbeiter insbesondere bei der bereichsübergreifenden Zusammenarbeit große Bedeutung zu. In Analogie zu der Entlohnung und Beurteilung sind auch die Verantwortlichkeiten an den Unternehmensprozessen zu orientieren. Veränderungen und Veränderungsbereitschaft müssen von den Führungskräften vorgelebt und nicht verwaltet werden. Die Führungskräfte im Unternehmen müssen sich daher auf das Führen im Sinne von „das Richtige tun" anstelle des Managen im Sinne „etwas richtig tun" zurückbesinnen.

2.3.2 Zielgrößen

Die Optimierungsziele der prozeßorientierten Organisationsgestaltung sind gleichermaßen Zeit, Kosten und Qualität (Bild 2.10). Diese Zielgrößen sind gegenläufig. Versucht man, eine der Zielgrößen zu maximieren, werden die Erfüllungsgrade der beiden anderen in der Regel deutlich verschlechtert. Mit Hilfe eines ganzheitlichen, prozeßorientierten Ansatzes läßt sich jedoch ein Gesamtoptimum ermitteln. Hierzu ist es erforderlich, alle Zielgrößen in einem gemeinsamen Modell abzubilden und bezüglich ihrer Relevanz zu gewichten. Diese Abbildung stellt sicher, daß alle relevanten Wechselwirkungen erfaßt sind und bei der Optimierung berücksichtigt werden. Sollen Maßnahmen zur Prozeßoptimierung beurteilt werden, können die einzelnen Erfüllungsgrade ermittelt und gewichtet werden. So wird eine Priorisierung alternativer Maßnahmen möglich. Hierin liegt auch ein großer Vorteil der in Kapitel drei und vier vorgestellten Metho-

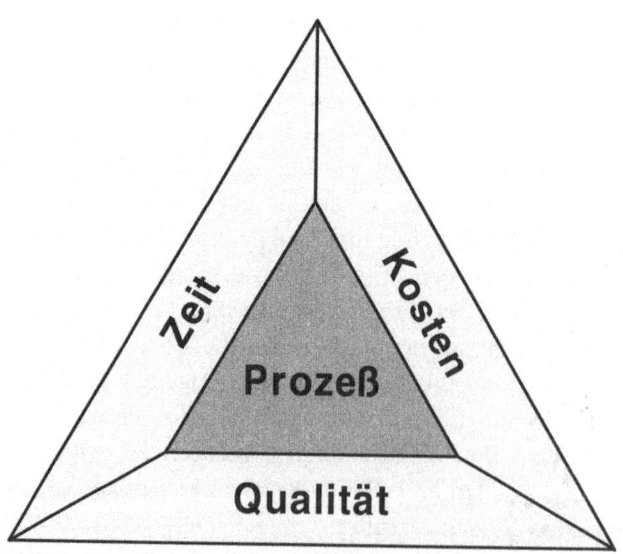

Bild 2.10: Hauptzielgrößen der prozeßorientierten Ablaufgestaltung

den zur Prozeßoptimierung, die diese Möglichkeit zur integrierten Darstellung und Bewertung von Zeit-, Kosten- und Qualitätsaspekten in einem Modell bieten.

Wenn im folgenden zunächst separat auf die einzelnen Zielgrößen eingegangen wird, dient dies nur zur besseren Erläuterung der Besonderheiten. Zur Gestaltung optimaler Wertschöpfungsprozesse ist immer eine gemeinsame Betrachtung aller drei Größen erforderlich. Dabei ist die Gewichtung der Zielgrößen untereinander sowohl von der jeweiligen Aufgabenstellung als auch von den spezifischen Gegebenheiten im Unternehmen abhängig.

2.3.2.1 Durchlaufzeit

In der Zielhierarchie vieler Unternehmen nehmen Zeitgrößen eine besonders hohe Stellung ein. Der Unternehmenserfolg hängt heute mehr denn je von der schnellen Umsetzung neuer Technologien in neue Produkte und einer termingerechten und kurzfristigen Auslieferung der Produkte an den Kunden ab. Die Erfüllung der Qualitätsanforderungen und ein marktfähiger Preis werden kundenseitig vorausgesetzt. Die Differenzierung vom Wettbewerb ist somit im wesentlichen durch zeitoptimale und effiziente Gestaltung der Geschäftsprozesse im Unternehmen möglich. Wie weit die Unternehmen heute noch vom Erreichen dieser Zeitziele entfernt sind, zeigen verschiedene zur Liefertermintreue und Durchlaufzeit durchgeführte Analysen. Hierin zeigt sich, daß die Durchlaufzeiten im Mittel um ca. 80 % über den Planwerten liegen [Loo 89, Wie 87]. Deshalb werden 50-80 % der Aufträge mit einer erheblichen Liefertermínüberschreitung ausgeliefert [Bäc 90]. Vergleicht man beispielsweise im Automobilbau die Produktentwicklungszeiten japanischer Unternehmen mit denen europäischer oder nordamerikanischer Unternehmen, so wird deutlich, daß auch hier noch enorme Verbesserungspotentiale bestehen.

In den letzten Jahren wurden große Aufwände in die Optimierung der mit teurem Material arbeitenden direkten Bereiche investiert, die planenden Bereiche wurden demgegenüber deutlich vernachlässigt. Ein Vergleich der

Durchlaufzeitanteile der direkten und indirekten Bereiche ergibt, daß nur 20–40% der Auftragsdurchlaufzeit durch die direkten Bereiche determiniert wird [Fär 81,Gro 90]. Gerade in den indirekten Bereichen lassen sich aber durch planerische und organisatorische Maßnahmen deutliche Durchlaufzeitreduzierungen erreichen. Diese sind darüber hinaus in Relation zu technologischen Verbesserungen in den direkten Bereichen deutlich kostengünstiger.

- Die indirekten Bereiche haben noch ein großes Rationalisierungspotential

Betrachtet man den zeitlichen Anteil der Wertschöpfungsprozesse am gesamten Auftragsdurchlauf so wird deutlich, daß dieser in vielen Unternehmen bei nur ca. 10% der Gesamtdurchlaufzeit liegt (Bild 2.11). Die übrigen 90% der Durchlaufzeit sind nicht wertschöpfend, da der Auftrag liegt bzw. Doppelarbeit durchgeführt wird [Loo 89,Wie 87]. Hier müssen Maßnahmen ansetzen, die eine effiziente Durchlaufzeitreduzierung zum Ziel haben.

Zur prozeßorientierten Durchlaufzeitreduzierung besteht eine Reihe von Möglichkeiten, die im Rahmen einer Optimierung insgesamt betrachtet werden müssen

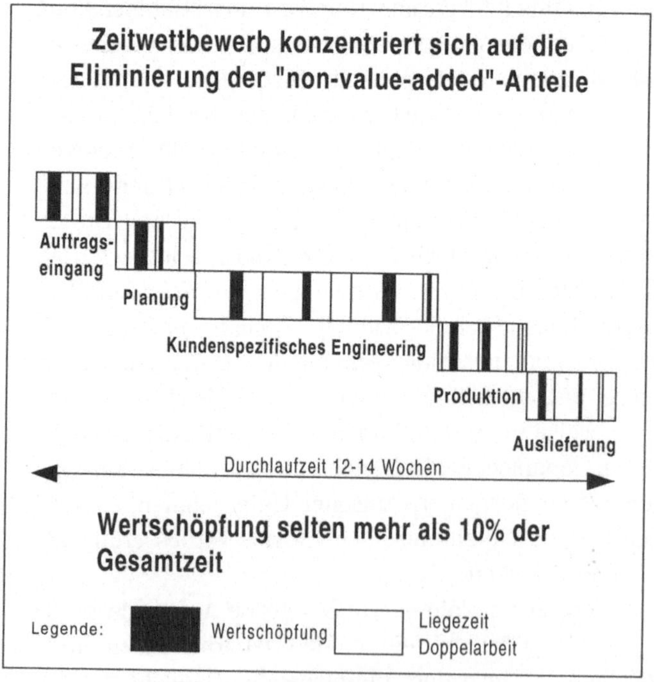

Bild 2.11: Zeitlicher Anteil der wertschöpfenden Tätigkeiten am Auftragsdurchlauf - Beispiel (nach Fa. Freudenberg)

- Ziel ist die Reduzierung von Liegezeiten und Iterationsschleifen

(Bild 2.12). Dabei handelt es sich beispielsweise um die bereits angesprochene Reduzierung der Liegezeiten, die insbesondere bei der technischen Auftragsabwicklung ein hohes Potential bietet. Hier können vor allem durch eine verbesserte Koordination der Aufträge und eine anforderungsgerechte Datenbereitstellung nach Inhalt, Form und Zeit mit relativ geringem Aufwand große Durchlaufzeiteffekte erzielt werden. Eine besondere Bedeutung hat in diesem Zusammenhang die Reduzierung von Iterationsschleifen.

Bei der Auftragsabwicklung sind Iterationsschleifen in der Regel nicht beabsichtigt, sondern werden durch vorangegangene Fehlleistungen verursacht. Hier müssen die Ursachen erforscht und soweit wie möglich abgestellt werden, da diese Iterationen häufig große Auswirkungen auf die Durchlaufzeit und den verursachten Ressourcenverzehr haben. Weiterhin wird durch die wiederholte Bearbeitung des gleichen Auftrags die Motivation der Mitarbeiter stark reduziert. Im Rahmen der Produktentste-

- Iterationen sind in der Produktentstehung teilweise erforderlich

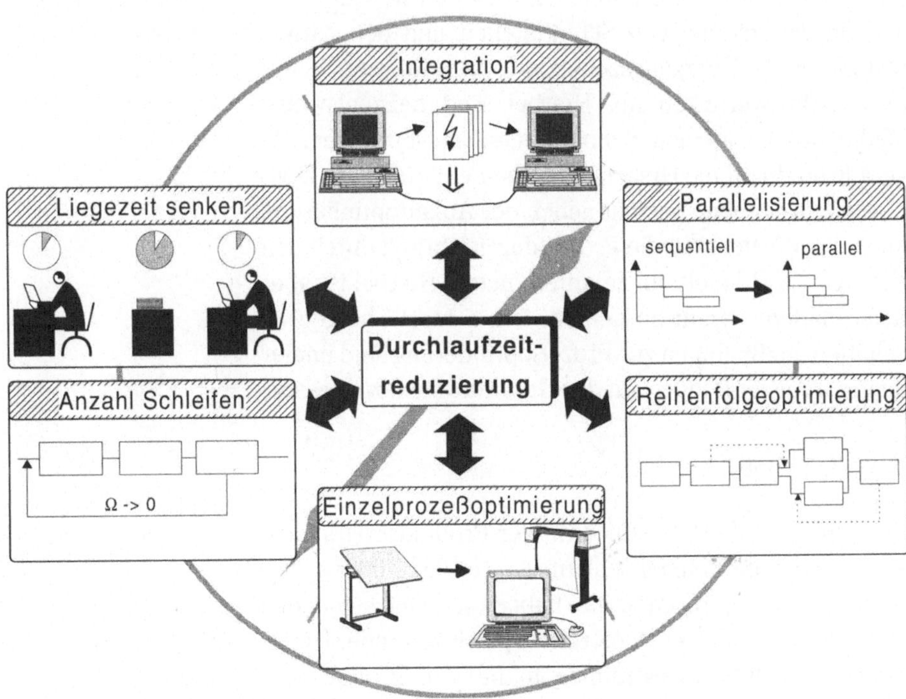

Bild 2.12: Ansätze zur Durchlaufzeitreduzierung

hung sind Iterationsschleifen aufgrund der hohen Komplexität der Aufgabenstellung in der Regel beabsichtigt. Aber auch hier sollte durch eine frühzeitige Abstimmung versucht werden, diese soweit wie möglich zu reduzieren. Weitere Potentiale, insbesondere zur Durchlaufzeitreduzierung, können durch eine zeitliche Abstimmung der Teilprozesse erreicht werden. Dabei ist auf Ebene der Prozeßketten zu analysieren, welche Teilprozesse parallelisiert bzw. in der zeitlichen Abfolge geändert werden können. Insbesondere der Parallelisierung abhängiger Teilprozesse kommt hier eine große Bedeutung zu. Hier ist beispielsweise zu entscheiden, welche Informationen aus vorgelagerten Prozessen minimal benötigt werden, um mit dem Folgeprozeß beginnen zu können. In diesem Zusammenhang ist festzulegen, wann welche Ergebnisse vorliegen müssen.

Darüber hinaus sind zur Zeitoptimierung detailliertere Betrachtungen auf Prozeßebene erforderlich. Es ist zu untersuchen, ob Teilprozesse integriert bzw. auch aufgeteilt werden müssen, um eine effizientere Bearbeitung zu ermöglichen. Die Integration zielt dabei im wesentlichen auf die Vermeidung von Schnittstellen und den daraus resultierenden Übergangszeiten, geistigen Rüstzeiten und Informationsverlusten ab. Hierbei sind beispielsweise Medienbrüche an den Schnittstellen zu vermeiden, da gerade hierin oft die Ursache für eine Fehlerhäufung liegt.

Auf Prozeßebene besteht neben der Ablaufoptimierung auch die Möglichkeit, die Prozeßdurchführung durch den Einsatz von Hilfsmitteln zu unterstützen. Hierbei ist aber insbesondere darauf zu achten, keine Insellösungen zu schaffen. Maßnahmen zur Prozeßoptimierung sind immer an ihren Auswirkungen auf das Gesamtsystem zu messen.

2.3.2.2 Kosten

Die zunehmende Diversifikation der Produktprogramme, komplexe Unternehmensabläufe sowie der Einsatz integrierter Produktionssysteme haben zu weitreichenden Veränderungen der Kostenstruktur produzierender Unternehmen geführt. Investitionen in flexible Produktionstechnik haben komplexe Unternehmensstrukturen und

steigende Planungsaufwände zur Folge. Aus dem abnehmenden Einfluß direkter Fertigungskosten resultiert ein überproportionaler Anstieg der Gemeinkosten. Der durchschnittliche Gemeinkostenanteil beträgt im Maschinenbau inzwischen teilweise über 50 % der Gesamtkosten (Bild 2.13).

Dieser hohe Gemeinkostenzuschlag, der Spitzenwerte von mehreren hundert Prozent erreichen kann, wird im wesentlichen durch die indirekten Bereiche verursacht. Betrachtet man darüber hinaus die mit 70 % sehr hohe Kostenfestlegung in diesen Bereichen, so wird deutlich, daß hier Maßnahmen zur Verringerung der Komplexität und damit auch der Kosten ansetzen müssen [Ev 90b]. Hierzu ist in einem ersten Schritt Kostentransparenz zu schaffen, die eine verursachungsgerechte Kostenzuordnung ermöglicht. Für die eigentliche Kostenreduzierung muß in einem zweiten Schritt sichergestellt werden, daß die Reduzierungspotentiale bereits in der Planungsphase ausgewiesen werden können, um den Nutzen von Pro-

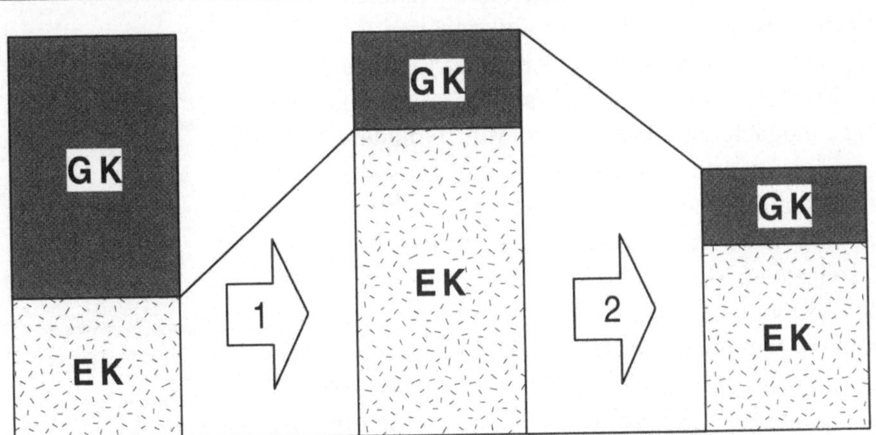

Bild 2.13: Kostenreduzierung durch prozeß- und ressourcenorientierte Bewertung

duktänderungen, Reorganisationsmaßnahmen oder Investitionen transparent zu machen.

Dabei müssen Controlling-Instrumente frühzeitig während der Entwicklung und Planung eingesetzt werden, um die entstehenden Kosten im Unternehmen zu antizipieren. Die anfallenden Bewertungsaufgaben beziehen sich dabei auf Produkte, Produktionssysteme und auf alle Abläufe im Unternehmen, die das Produkt betreffen. Dabei fällt es den Entscheidungsträgern immer schwerer, Vor- und Nachteile alternativer Produkt-, Ablauf- und Produktionsstrukturen auf finanzieller Basis abzuwägen.

Konventionelle Bewertungsverfahren weisen im Hinblick auf eine verursachungsgerechte Produkt-, Ablauf- und Systemgestaltung eine Vielzahl von Nachteilen auf. Da die steigenden Kosten für Informationsverarbeitung sowie planende und steuernde Funktionen über Gemeinkostenzuschläge verteilt werden, mangelt es an der Kostentransparenz in den Unternehmen [Hor 92].

Bestehende Kostenrechnungsverfahren sind vorwiegend abrechnungstechnisch ausgerichtet. Eine frühzeitige Bewertung von Produkt, Produktion und Abläufen kann somit nicht durchgeführt werden. Eine kostenorientierte Produkt-, Ablauf- und Systemgestaltung ist nur bedingt möglich. Aus den angeführten Gründen ist es dringend erforderlich, moderne Ansätze zur markt- und verursachungsgerechten Produkt-, Produktions- und Ablaufbewertung zu entwickeln. Ziel muß es dabei sein, den steigenden Gemeinkostenanteil abzubauen, indem diese Kosten dem Kostenträger verursachungsgerecht zugeordnet werden. Zur verursachungsgerechten Bewertung wurde am WZL das Ressourcenverfahren entwickelt [Sch 88]. Ausgehend von den dargestellten Anforderungen zielt diese Methode darauf ab, den Werteverzehr in den zu betrachtenden Unternehmensprozessen zu bestimmen [Ev 91]. Wie in der Bezugsgrößenkalkulation wird bei der ressourcenorientierten Kostenrechnung unterstellt, daß es kostenbestimmende technische Größen gibt, die den anfallenden Werteverzehr bestimmen.

Das Ressourcenverfahren ermöglicht so die verursachungsgerechte Abbildung der komplexen Wirkzusammenhänge in allen Unternehmensprozessen. Damit wird es grundsätzlich möglich, Maßnahmen zur Reduzierung und Beherrschung der Produkt-, Ablauf- und Systemkomplexität verursachungsgerecht zu bewerten.

2.3.2.3 Qualität

In den letzten Jahren hat sich die Qualität zu einer immer wichtigeren Zielgröße in den Unternehmen entwickelt. Dies zeigt sich z. B. in den verstärkten Bemühungen vieler Unternehmen um eine Zertifizierung nach ISO9000-9004. Viele Kunden im In- und Ausland fragen im Rahmen von Verkaufsverhandlungen heute bereits nach einer Zertifizierung der Unternehmen, für einige ist sie geradezu eine Voraussetzung für einen Vertragsabschluß. Im Seriengeschäft ist darüber hinaus eine Auditierung der Qualitätsmanagementsysteme der Zulieferer üblich geworden. Hierbei überprüft der Serienhersteller vielfach anhand eigener Maßstäbe das QM-System des Zulieferers. Neben der Festlegung höherer Anforderungen ist die Abstimmung der QM-Systeme von Kunde und Lieferant von besonderer Bedeutung. Dadurch kann beispielsweise der Prüfaufwand an der Schnittstelle zwischen beiden Unternehmen deutlich reduziert und die Stabilität des gesamten Systems erhöht werden.

Ziel des Qualitätsmanagements ist es, das ständige Bemühen aller Mitarbeiter in einem Unternehmen sicherzustellen, die Wünsche des Kunden richtig zu verstehen, zu erfüllen und diese zu übertreffen [Pf 93]. Hieraus wird ein zentraler Leitsatz des Qualitätsmanagements deutlich: Qualität darf nicht erprüft werden, sondern muß direkt im Prozeß erzeugt werden. Die gesamten Geschäftsprozesse eines Unternehmens vom Verkauf bis zum Versand sind dementsprechend so auszulegen, daß Fehler möglichst erst gar nicht entstehen können. Sind trotz allem Fehler aufgetreten, ist die Ursache zu analysieren und deren Beseitigung anzustreben. Ziel ist somit die permanente Verbesserung mit dem letztendlichen Fernziel von Null-Fehlern. Von besonderer Bedeutung ist dabei auch die Erkenntnis, daß nicht nur im Zusammenhang mit Produkteigenschaften von Qualität gesprochen werden darf.

Im Sinne eines übergreifenden Ansatzes sind die Qualität des Entwurfs in der Planungsphase wie auch die Qualität des Prozesses bei der Auftragsbearbeitung in der Produktion genauso qualitätsentscheidende Größen wie die Produktqualität als Ergebnis der gesamten Prozeßkette (Bild 2.14). Entsprechend diesem Ansatz wird unter der Prozeßqualität neben der Qualität technischer Prozesse insbesondere auch die Fähigkeit dienstleistender und planender Bereiche verstanden. Nur wenn in diesen indirekten Bereichen qualitativ einwandfreie Ergebnisse erarbeitet werden, kann in den direkten Bereichen ein Produkt hergestellt werden, das den Qualitätsanforderungen genügt. Ein aufgrund fehlerhafter Zeichnungen hergestelltes Produkt erfüllt die Qualitätsanforderungen der Kunden genausowenig wie ein Produkt mit Fertigungsfehlern. Zur Sicherstellung einer ressourcenschonenden Produkti-

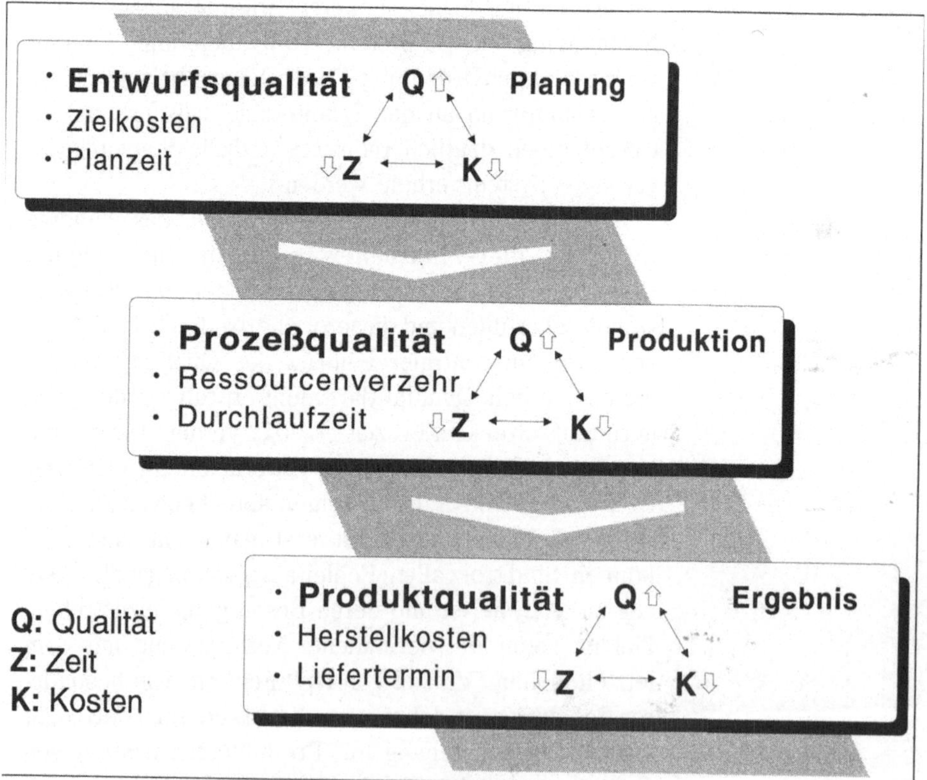

Bild 2.14: Ganzheitliche Bewertung

on ist somit ein durchgängiges Qualitätsverständnis über alle Bereiche hinweg erforderlich.

In diesem Zusammenhang wird auch häufig von einem innerbetrieblichen Kunden-Lieferantenverhältnis gesprochen. Jeder Mitarbeiter ist demzufolge Kunde seines Vorgängers und Lieferant seines Nachfolgers. Durch dieses Selbstverständnis wird ein besonderes Verantwortungsbewußtsein unter den Mitarbeitern gefördert, das sukzessive zu einer Qualitätsverbesserung führt. Hierbei ist es von besonderer Bedeutung, bei den Mitarbeitern Transparenz über den Auftragsdurchlauf durch das Unternehmen zu schaffen. Durch die Kenntnis des Gesamtablaufs werden zum einen die Folgen eigener Fehlleistungen transparent und zum anderen der persönliche Bezug zum direkten Vorgänger und Nachfolger sichergestellt.

Im Zusammenhang mit der Einbeziehung aller Unternehmensprozesse in das Ziel der permanenten Verbesserung spricht man auch von einem **Total Quality Management**. Die strategische Ausrichtung des TQM fordert dabei neben der Verbesserung der Einzelprozesse (die Dinge richtig tun) auch das permanente Hinterfragen der Prozesse in einem globaleren Zusammenhang (die richtigen Dinge tun) [Töp 93]. Diesem Ziel steht die funktionale Orientierung der Unternehmen und der zugehörigen QM-Strukturen entgegen. Eine prozeßorientierte Umgestaltung der Unternehmensabläufe bietet die Möglichkeit, auch dieses strategische Ziel umzusetzen und eine optimale Kundenwunscherfüllung nach Qualität, Kosten und Zeit zu erreichen. Im Rahmen der prozeßorientierten Umgestaltung ist dann auch die Planung und Einführung bereichsübergreifender Regelkreismechanismen zur Qualitätsförderung und -lenkung durchzuführen.

3 Prozeßorientierte Auftragsabwicklung

Die Auftragsabwicklung ist eine der Kernprozeßketten eines Unternehmens. Die Gestaltung dieser Prozeßkette ist besonders für international agierende Unternehmen mit kundenspezifischem Produktspektrum von besonderer Bedeutung. Eine zeit-, kosten- und qualitätsoptimierte Ablauforganisation ermöglicht erhebliche Wettbewerbsvorteile [Zäp 89, War 93, Ev 93d].

Bei der Abwicklung von Kundenaufträgen treten in der Praxis Probleme auf, da die notwendige Transparenz nicht vorhanden ist (Bild 3.1). Viele Fragen, die sich im Tagesgeschäft ergeben, bleiben unbeantwortet.

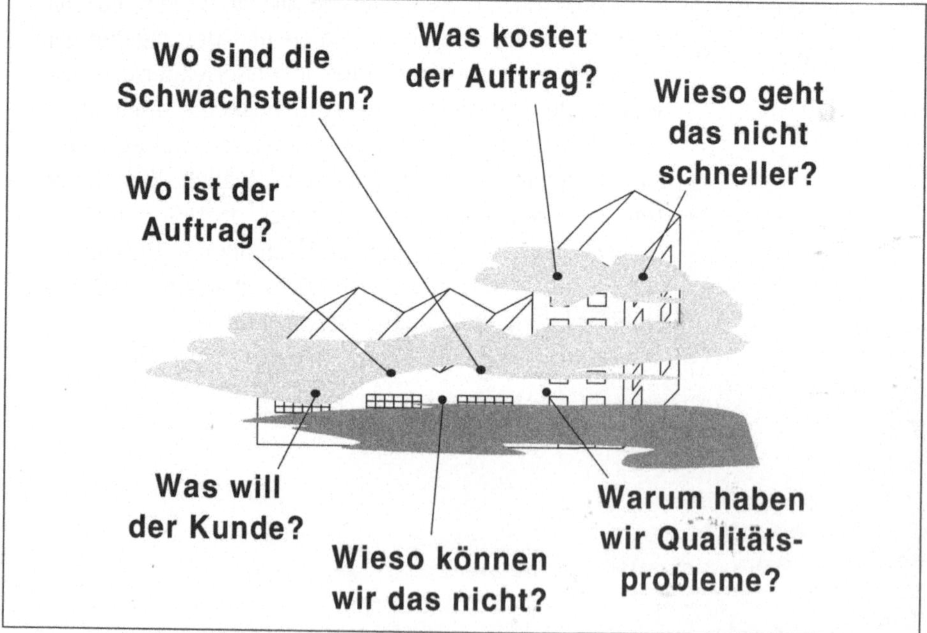

Bild 3.1: Mangelnde Transparenz im Unternehmen

Kennzahlen zur Situation der Auftragsabwicklung in der Einzel- und Kleinserienproduktion verdeutlichen die Folgen der Intransparenz (Bilder 3.2, 3.3). Die Dringlichkeit von bereichsübergreifenden Rationalisierungsmaßnahmen wird offensichtlich.

Zusätzlich sind viele Unternehmen nach einem fast zehnjährigen Wirtschaftswachstum (1981-1991) von der stärksten Wirtschaftskrise seit dem zweiten Weltkrieg betroffen. Zahlen über die Auftragseingänge weisen rückläufige Tendenzen auf (1991-1994). Trotzdem ist ein erhöhtes Arbeitsvolumen bei der Produktherstellung zu bewältigen, da die Zahl technischer Sonderlösungen erheblich gestiegen ist. Der gleichzeitige Preisverfall zwingt zu erheblichen Kostensenkungen.

Die Einführung einer prozeßorientierten Auftragsabwicklung ist ein Weg, um Potentiale zur Reduzierung von Durchlaufzeiten und Kosten zu erschließen, die durch den arbeitsteilig geprägten Aufbau von Produktionsunternehmen unerkannt bleiben [Gai 83, Str 88, Ev 93d].

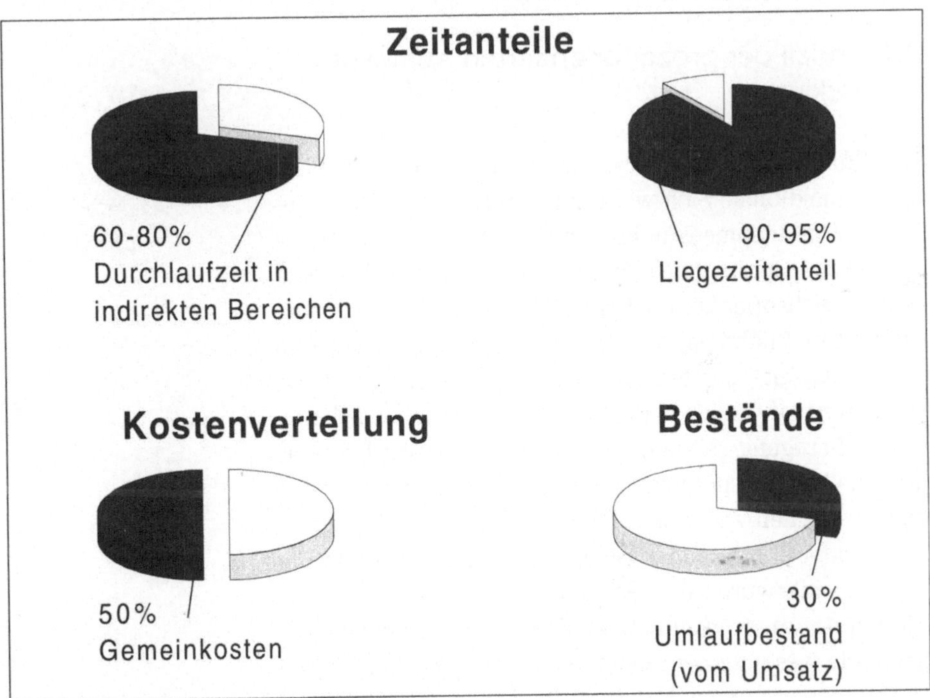

Bild 3.2: Kennzahlen der Auftragsabwicklung (1)

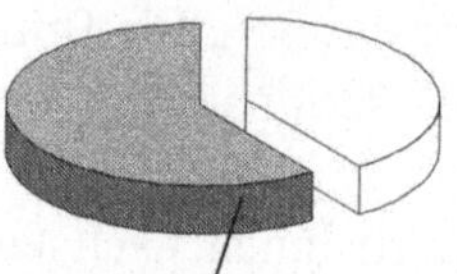
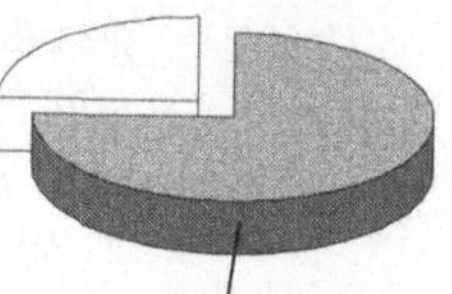
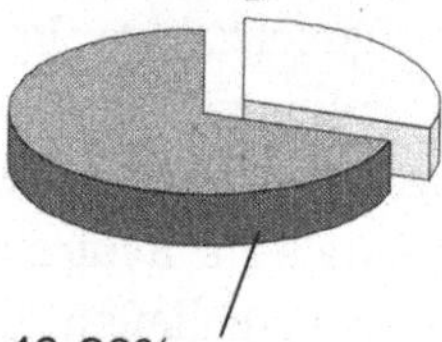
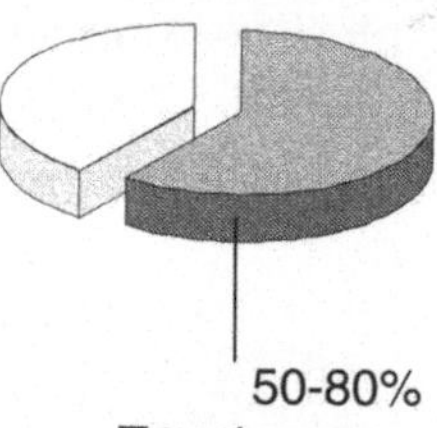

Bild 3.3: Kennzahlen der Auftragsabwicklung (2)

3.1 Modell der prozeßorientierten Auftragsabwicklung

Die Hauptursache für die genannten Probleme ist die klassische funktionale Sichtweise im Unternehmen. Das Denken in Unternehmensfunktionen lieferte bisher bereichsspezifische Optima mit dem Ziel einer ressourcengerechten, bereichsorientierten Kapazitätsauslastung. Rationalisierungsmaßnahmen zur Optimierung der Zielgrößen „Durchlaufzeit", „Kosten" und „Qualität" sind in den letzten 20 Jahren maßgeblich in den direkten Unternehmensbereichen (Fertigung, Montage) unternommen worden. Das Rationalisierungspotential in den indirekten Unternehmensbereichen wurde weitgehend außer acht gelassen.

Vor dem erläuterten Hintergrund und zur Lösung der Problematik wurde das Gesamtmodell der prozeßorientierten Auftragsabwicklung entwickelt. In diesem Modell sind alle wesentlichen Aspekte zur Planung und Organisation der gesamten Auftragsabwicklung berücksichtigt (Bild 3.4) [Ev 94b, Trk 90, Ev 94d].

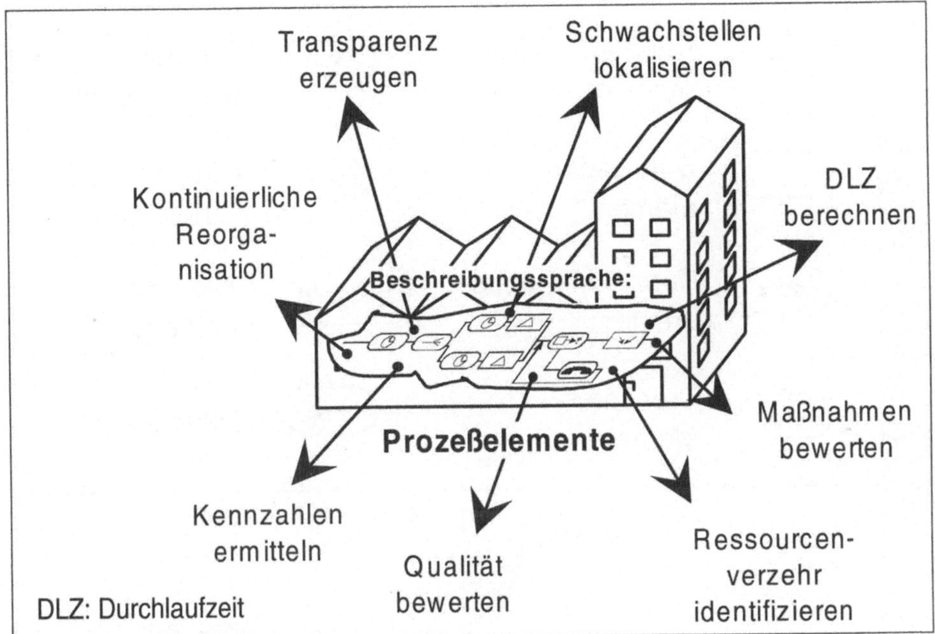

Bild 3.4: Multifunktionales Modell der Auftragsabwicklung

• Beschreibung durch Prozeß-elemente

Die Basis des Modells ist eine Beschreibungssprache, die eine transparente Darstellung der Auftragsabwicklungs-prozesse ermöglicht. Die Beschreibungssprache besteht aus vierzehn normierten Elementen, den Prozeßelementen (Bild 3.5). Mit diesen Elementen können sämtliche Prozesse (Tätigkeiten und Vorgänge) der Auftragsabwicklung eines Unternehmens abgebildet werden [Trk 90].

Bestehende Darstellungsformen setzen Schwerpunkte auf die Abbildung von direkten Tätigkeiten. Die Prozeß-elemente ermöglichen zusätzlich eine detaillierte Betrach-tung von indirekten Tätigkeiten und Vorgängen, wie Rück-fragen, Liegezeiten, Störungen aufgrund fehlender Infor-mationen.

Die Prozeßelemente sind in direkte und indirekte Ele-mente unterteilt. Die direkten Prozeßelemente beschrei-ben Prozesse, die unmittelbar zur Wertschöpfung eines Auftrags beitragen, wie beispielsweise die Zeichnungser-stellung, die Teilefertigung oder die Montage einer Bau-gruppe. Die indirekten Prozeßelemente hingegen werden für die Beschreibung von Prozessen, wie Kommunikati-on, Transport oder Auftragsterminierung, die zur Auf-

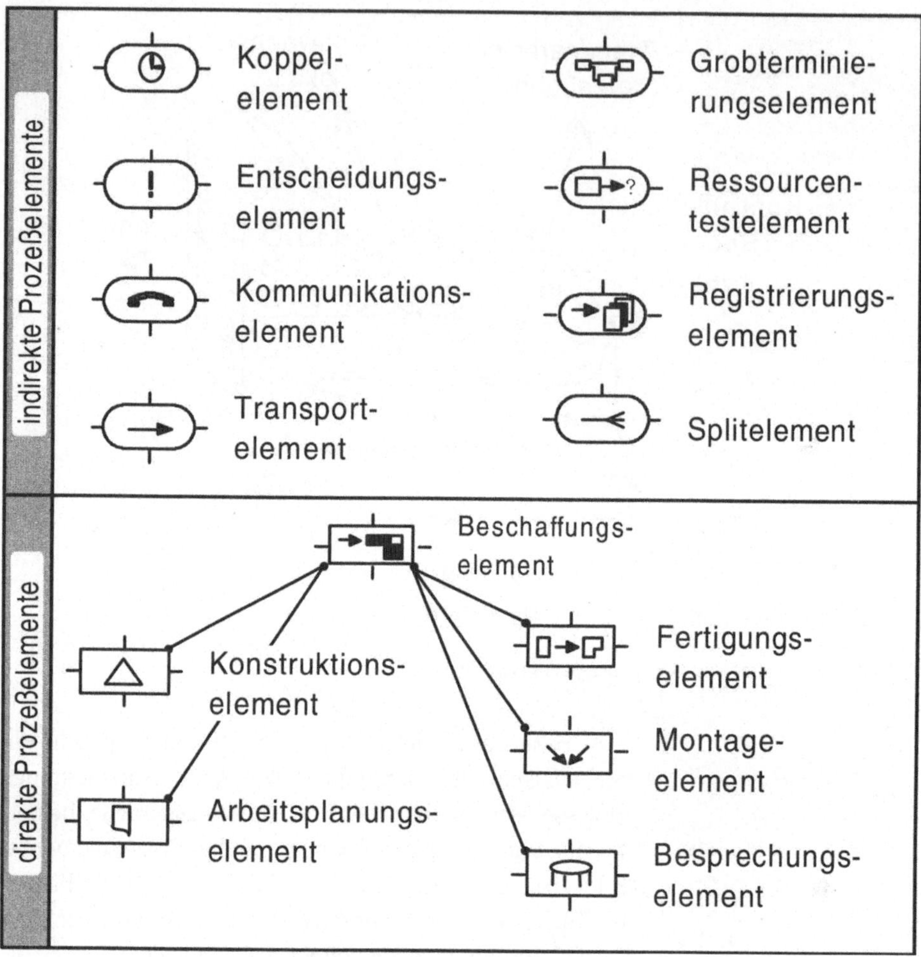

Bild 3.5: Prozeßelemente - Die Modellsyntax [Trk 90]

tragsbearbeitung notwendig sind, aber nur mittelbar zur Wertschöpfung beitragen, herangezogen. Bei der Durchführung dieser indirekten Prozesse ist sehr häufig ein Ressourcenverzehr zu verzeichnen, der im Rahmen der Reorganisation zu minimieren ist. Untersuchungen in verschiedenen Unternehmen haben gezeigt, daß etwa 80-95 % aller Tätigkeiten indirekte Tätigkeiten sind und somit nur mittelbar zu einer Wertschöpfung beitragen. Eine spezifische Betrachtung dieser Prozesse wird durch die Beschreibungssprache ermöglicht.

Die Elemente besitzen jeweils einen Eingang (immer von links) und bis zu drei Ausgänge (Bild 3.6). Neben dem normalen Ausgang existieren zusätzlich ein Unterbrechungs- und ein Verzweigungsausgang. Eine Verzweigung (Ausgang nach unten) wird durchlaufen, falls ein Prozeß (z. B. Erstellen eines Zeichnungsentwurfs) aufgrund von fehlenden Informationen gestört ist und die alternativ zu durchlaufenden Prozesse bekannt sind (z. B. Rückfragen an den Vertrieb). Eine Unterbrechung (Ausgang nach oben) tritt auf, wenn im Falle einer Störung von einer höheren Instanz eine Entscheidung über den weiteren Auftragsdurchlauf zu fällen ist (z. B. Ausfall des EDV-Systems oder einer Werkzeugmaschine).

Die Prozeßbeschreibung dient zur genauen Erläuterung der durchgeführten Tätigkeiten.

Die Abbildung des objektorientierten Zeitbezugs erfolgt über die Darstellung der prozeßbezogenen Durchlaufzeit (Bild 3.7). Zusätzlich sind Angaben über die prozentuale Belegung der jeweiligen Ausgänge durch die Summe aller Aufträge darstellbar. Die Angaben Durchlaufzeit und Übergangswahrscheinlichkeit ermöglichen die Berechnung von Gesamtdurchlaufzeiten und Reorganisationspotentialen. Die Verkettung der Prozeßelemente entsprechend dem Ablauf der Auftragsabwicklung in dem betrachteten Unternehmen ergibt den sogenannten Prozeßplan.

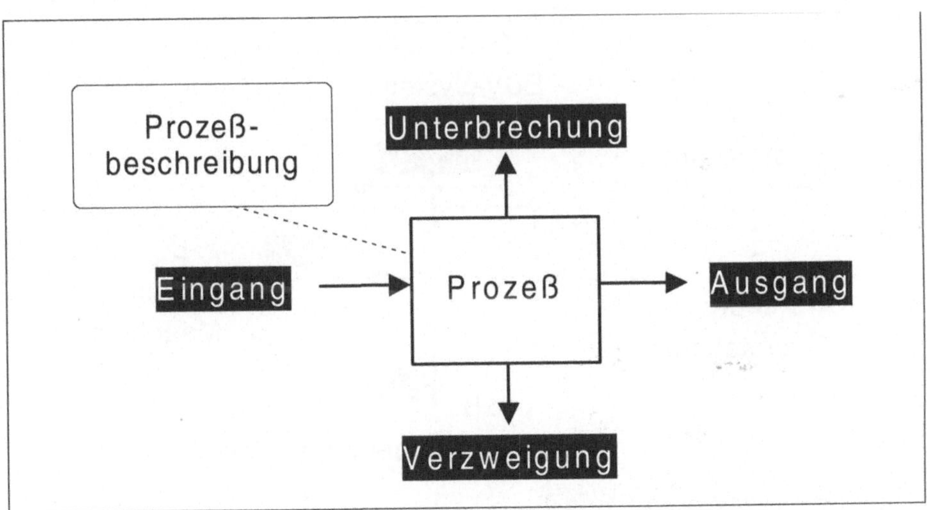

Bild 3.6: Statische Komponenten der Prozeßelemente [Trk 90]

3.2 Reorganisation der Auftragsabwicklung

Eine Reorganisation der Auftragsabwicklung erstreckt sich sinnvollerweise von der Angebots- oder Auftragsbearbeitung im Verkauf bis zur Auslieferung des Produkts durch den Versand bzw. bis zur Inbetriebnahme beim Kunden.

Die normierte Darstellung der Auftragsabwicklungsprozesse durch die Prozeßelemente bildet die Basis für die Reorganisation der Auftragsabwicklung. Ziel ist es, jene Schwachstellen zu identifizieren, die maßgeblich für Liegezeiten und Störungen des direkten Auftragsdurchlaufs verantwortlich sind. Die Reorganisation beinhaltet eine kosten- und zeitmäßige Bewertung der einzuführenden Maßnahmen. Jede Maßnahme kann vor der Einführung hinsichtlich ihres Erfolges beispielsweise bezüglich einer Verkürzung der Gesamtdurchlaufzeit bewertet werden (Bild 3.8) [Ev 93e, Mls 92].

Zur Vorbereitung der Prozeßanalyse müssen neben der Definition der Projektziele die Bereiche festgelegt werden, die zu analysieren sind (Bild 3.9). Diese Festlegung kann beispielsweise anhand des Organigramms erfolgen. Bei der ersten Durchführung einer Prozeßanalyse sollten hier die Unternehmensbereiche im Vordergrund stehen,

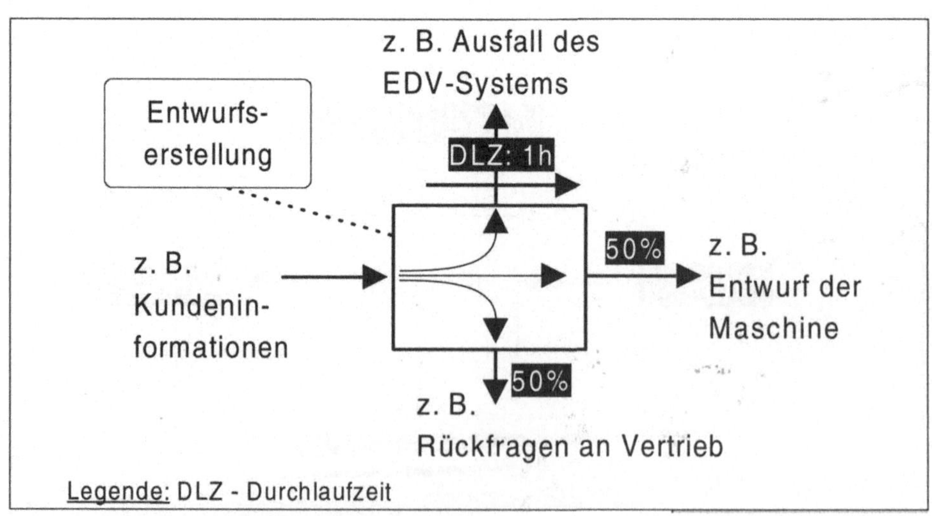

Bild 3.7: Darstellung der prozeßorientierten Durchlaufzeit und Störungshäufigkeit [Trk 90]

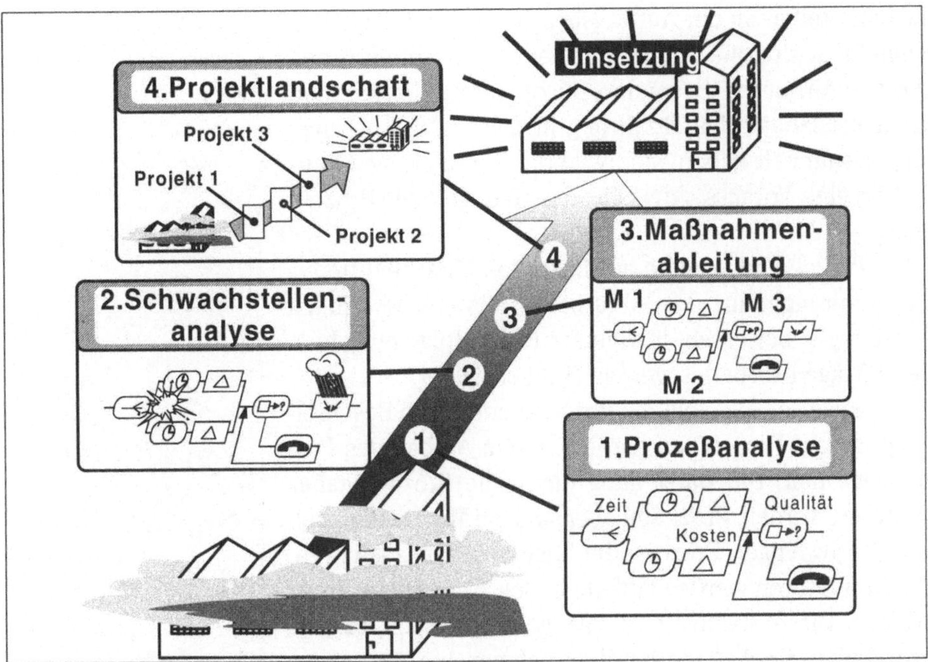

Bild 3.8: Vorgehensweise zur prozeßorientierten Reorganisation der Auftragsabwicklung

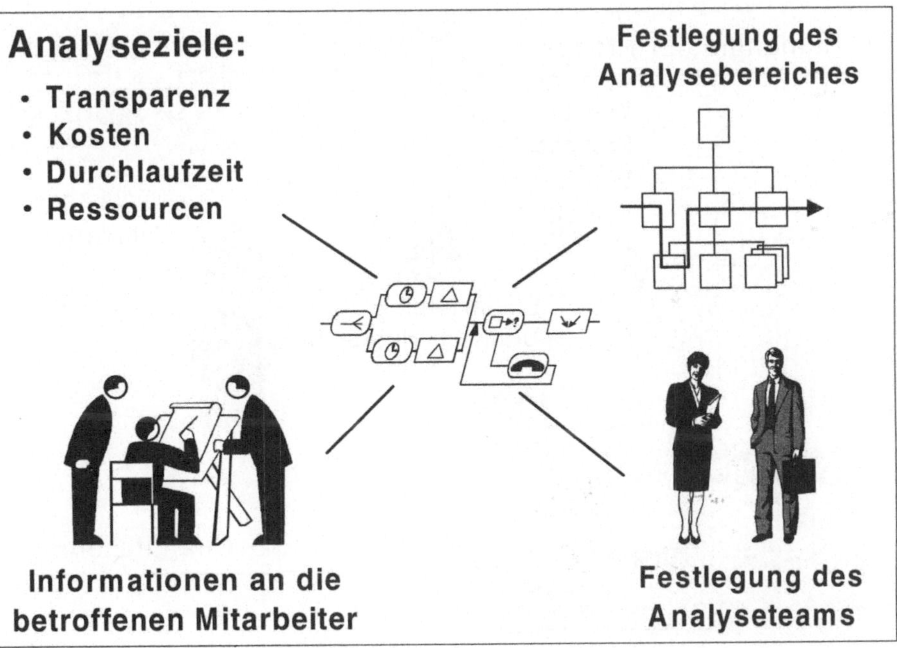

Bild 3.9: Vorbereitung der Prozeßanalyse

die unmittelbar an der Auftragsbearbeitung beteiligt sind. Schließlich sind die Mitarbeiter der ausgewählten Bereiche zu informieren. Besonders die operativen Mitarbeiter, die meist langjährige Erfahrung in der Auftragsbearbeitung gesammelt haben, sind wichtig. Deren aktive Mitarbeit ist eine Voraussetzung für das Gelingen der Prozeßanalyse.

Die Prozeßanalyse wird auf Basis von Mitarbeiterinterviews durchgeführt. Die Mitarbeiter aus den jeweiligen Abteilungen berichten, in welcher Reihenfolge eingehende Aufträge bearbeitet werden (Bild 3.10).

Das Analyseteam stellt die Prozesse und deren Beschreibung in dem Prozeßplan dar. Nach dem Aufbau des Prozeßplans muß die Darstellung durch die Prozeßinhaber verifiziert werden. Prozeßinhaber sind die Mitarbeiter, welche die jeweiligen Prozesse im Tagesgeschäft ausführen. Die Korrekturen werden laufend in den Prozeßplan eingearbeitet. Dieser Zyklus wird solange durchlaufen, bis der Prozeßplan die Abläufe im Unternehmen korrekt widerspiegelt.

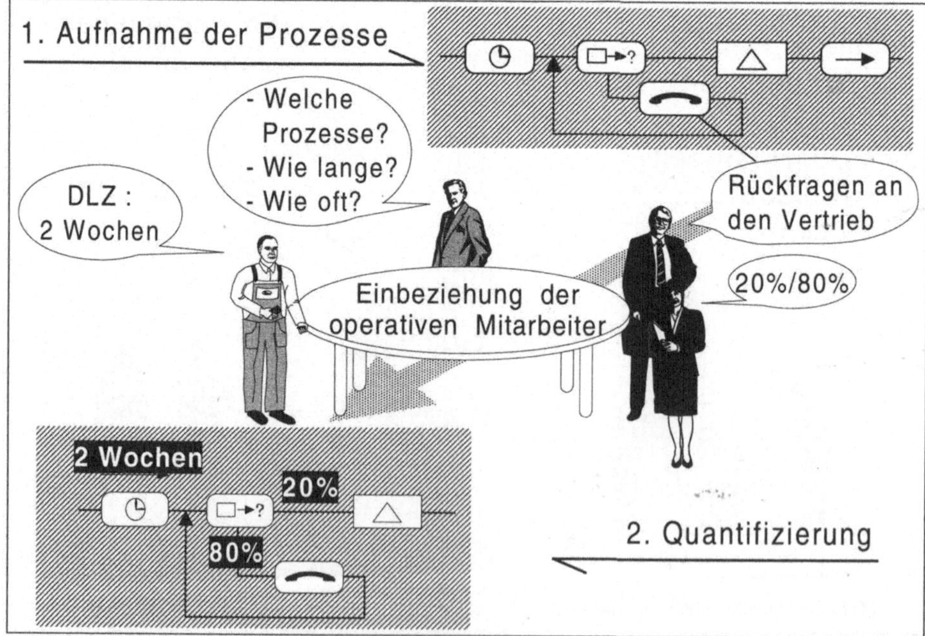

Bild 3.10: Arbeitsschritte zum Aufbau des Prozeßplans

Nach der Erstellung des Prozeßplans folgt die Phase der Quantifizierung. Dazu müssen bei einer durchlaufzeitorientierten Reorganisation je Prozeß zwei Datenarten aufgenommen werden. Zum einen ist die durchschnittliche Dauer für die Durchführung eines Prozesses zu erfassen und zum anderen die Wahrscheinlichkeit, mit der ein Auftrag einen Prozeß durch den jeweiligen Ausgang verläßt.

Erfaßt werden Durchschnittswerte. Diese Werte haben sich in der Praxis als genau genug erwiesen. Die aufgenommenen Zeiten dienen nur der Auftragsdurchlaufzeitberechnung und lassen unmittelbar keine Schlüsse auf die jeweilige Kapazitätsauslastung eines Mitarbeiters zu.

Der Detaillierungsgrad der Analyse ergibt sich aus der Tatsache, daß die Prozesse auf der Ebene der operativen Auftragsbearbeitung durchgeführt werden. Eine Analyse auf einem geringeren Detaillierungsgrad läßt viele Schwachstellen nicht offensichtlich werden. Eine Analyse beispielsweise auf dem Detaillierungsgrad einer MTM-Studie (Motion-Time-Measurement) würde zu viele Informationen bereitstellen, um die wesentlichen Schwachstellen identifizieren zu können.

Die Quantifizierung des Prozeßplans bezüglich der Durchlaufzeit kann nach verschiedenen Vorgehensweisen erfolgen. Die Interviewmethode ist klassisch und wurde bereits erwähnt. Der Vorteil ist die schnelle Akquisition der erforderlichen Daten. Die Qualität der Datenaufnahme ist von der Erfahrung und dem Abstraktionsvermögen der Mitarbeiter abhängig. In der Praxis hat sich diese Quantifizierungsmethode als sehr geeignet erwiesen.

Eine weitere Möglichkeit besteht darin, den nicht quantifizierten Prozeßplan an die Auftragspapiere zu koppeln und diesen mit einem eingehenden Auftrag durch das Unternehmen laufen zu lassen. Jeder Sachbearbeiter trägt die zu erfassenden Daten der von ihm durchgeführten Prozesse (Durchlaufzeit und Weg des Auftrags) in den Prozeßplan ein. Diese Vorgehensweise bietet sich an, wenn die Gesamtdurchlaufzeiten relativ kurz sind (z. B. mehrere Tage oder Wochen), da für eine statistische Absicherung eine bestimmte Anzahl von Aufträgen betrachtet werden muß. Ein Hindernis für die Anwendung dieser

Vorgehensweise kann sich durch integrierte Datenverarbeitung bei der Auftragsbearbeitung ergeben.

Als dritte Möglichkeit zur Quantifizierung von Prozeßplänen bietet sich die Methode der Prozeßkettenbetrachtung an (Bild 3.11).

Diese Methode ist sinnvoll in Unternehmen mit langen Durchlaufzeiten anzuwenden, falls bestimmte Prozesse nicht auf der Interviewbasis quantifiziert werden können, eine genaue Zeiterfassung erforderlich ist oder die Erfassung der Durchlaufzeitstreuung im Vordergrund steht. Bei der Methode der Prozeßkettenbetrachtung erhält der jeweilige Prozeßinhaber ein Formular, das den von ihm bearbeiteten Ausschnitt des Gesamtprozeßplans enthält. In diesem Prozeßplan sind die Prozesse mit einer identifizierenden Nummer versehen.

Der untere Teil des Formulars enthält die Felder für die Eintragung der Durchlaufzeit je Prozeß und Auftrag (Bild 3.12). Eine Spalte ist jeweils einem Auftrag zugeordnet.

Ein zusätzliches Feld „Verbesserungsvorschläge" kann genutzt werden, um Vorschläge der Mitarbeiter aufzunehmen und bei der Gesamtoptimierung zu berücksichtigen. Die Übergangswahrscheinlichkeiten ergeben sich bei der Auswertung durch die Anzahl der Elementdurchläufe.

• Methode der Prozeßkettenbetrachtung

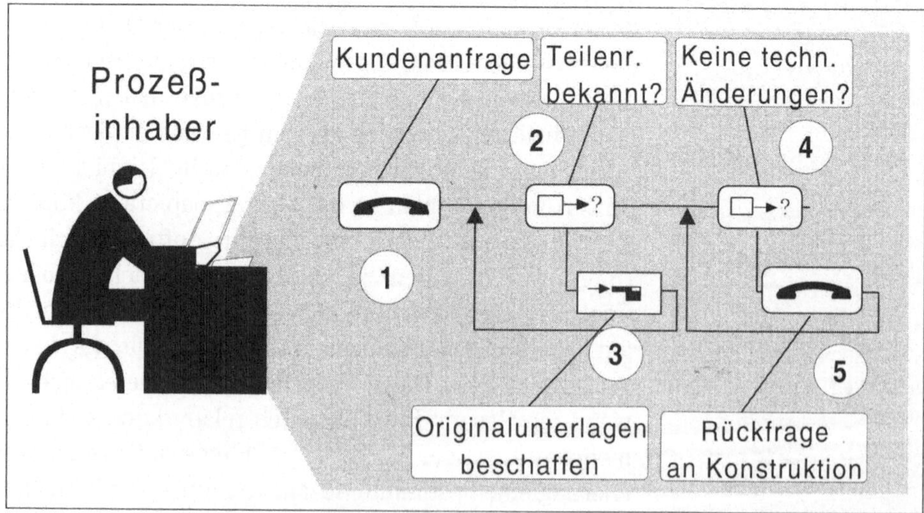

Bild 3.11: Vorbereitung der Durchlaufzeiterfassung

Prozeßinhaber: Name			Zeitraum: 01.03.92-01.05.92

Prozeß-bezeichnung	Prozeßdauer		Verbesserungs-vorschläge
	Auftrag 1	Auftrag 2	
1.Kunden-anfrage	1 h	2 h	
2.Teilenr. bekannt?	0,5 h 10 min*	1,5 h 10 min*	
3.Originale beschaffen	3 h	1 h	
4.Keine techn. Änderungen	0,5 h	1,5 h 0,5 h*	
5.Rückfrage an Konstr.		3 h	

Legende :   * - Durchlaufzeit beim zweiten Durchlauf,
                 min - Minuten , h - Stunden

Bild 3.12: Erfassungsformular für die Quantifizierung der Prozesse

• Konzentration auf die wichtigen Daten

Die Auswertung der Formulare ermöglicht eine sehr genaue Quantifizierung des Prozeßplans (Bild 3.13). Sie bietet außerdem die Möglichkeit, den aufgenommenen Ablauf hinsichtlich der Vollständigkeit zu verifizieren. Das Formular muß durch einen einfachen Aufbau eine möglichst geringe Belastung der Mitarbeiter in ihrem Tagesgeschäft garantieren, da es sonst zu Akzeptanzproblemen kommen kann.

Der Prozeßplan enthält nach der Quantifizierung alle Informationen, um die durchschnittliche Durchlaufzeit eines Auftrags durch die Prozeßkette zu berechnen. Hierfür werden speziell entwickelte Formeln eingesetzt

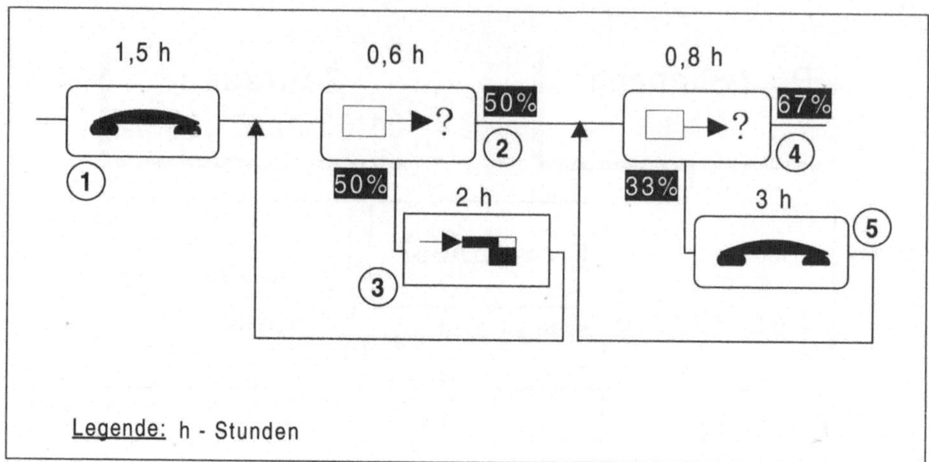

Bild 3.13: Ergebnis der Quantifizierung

(Bild 3.14). In diesen Formeln ist beispielsweise der Zeitverbrauch in Rückschleifen dargestellt (z. B. Rückfragen aufgrund fehlender Informationen). Für eine Berechnung der Durchlaufzeit wird der gesamte Prozeß-

- Berechnung von Durchlaufzeiten

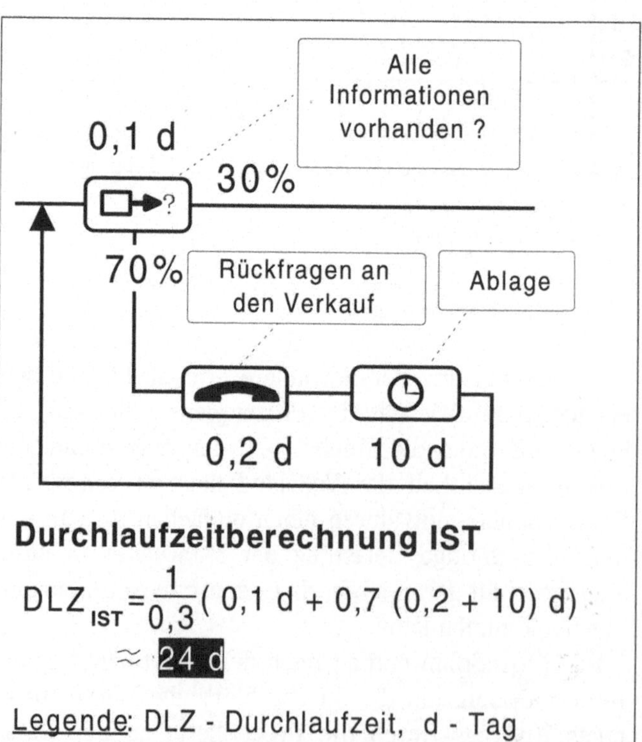

$$DLZ_{IST} = \frac{1}{0,3}(\,0,1\ d + 0,7\,(0,2 + 10)\ d\,)$$
$$\approx 24\ d$$

Bild 3.14: Berechnung von Durchlaufzeiten

plan in sogenannte Strukturtypen zerlegt. Für jeden Strukturtyp gibt es eine zugehörige Formel [Mls 92].

Die Berechnung der Durchlaufzeit des Ist-Zustandes ist der Maßstab für die abschließende Bewertung von Verbesserungsmaßnahmen.

Im Anschluß an die Durchlaufzeitberechnung wird die Schwachstellenanalyse durchgeführt. Die Schwachstellen im Auftragsdurchlauf lassen sich anhand verschiedener Kriterien lokalisieren. Betrachtet werden z. B. Prozesse mit einer langen Durchlaufzeit bezogen auf die Gesamtdurchlaufzeit. Das können sowohl wertschöpfende Prozesse sein wie auch Prozesse, die eine Liegezeit charakterisieren.

Weitere Schwachstellen sind aus der Verteilung der Übergangswahrscheinlichkeiten je Prozeß abzuleiten. Hohe Verzweigungs- oder Unterbrechungswahrscheinlichkeiten deuten auf eine Prozeßstörung hin, die anschließend genauer untersucht werden muß. Besonders bei der Einzel- und Kleinserienproduktion findet man häufig in den indirekten Bereichen Prozeßverzweigungen, wenn beispielsweise ein Auftrag nicht vollständig beschrieben ist und der entsprechende Sachbearbeiter die Informationen im Verkauf oder beim Kunden beschaffen muß. Diese Vorgänge sind meistens sehr zeitintensiv und wirken sich erheblich auf die Gesamtdurchlaufzeit aus.

Darüber hinaus können aber auch Prozeßketten, d. h. mehrere zusammenhängende Prozesse, als sogenannte Reorganisationssegmente abgegrenzt werden. Die Bedingung für diese Abgrenzung ist, daß die Bilanzgrenze eines Reorganisationssegments nur einen Eingang und einen Ausgang besitzt. Ein Reorganisationssegment ist dann detaillierter zu untersuchen, wenn es einen relativ großen Anteil an der Gesamtdurchlaufzeit besitzt.

Für alle Problemprozesse können im Anschluß an die Schwachstellenanalyse zusammen mit den jeweiligen Mitarbeitern gezielt Maßnahmen erarbeitet werden. Jede dieser Maßnahmen wird bezüglich ihres Beitrags zu einer Verkürzung der Durchlaufzeit bewertet. Dazu wird das Potential, das eine Maßnahme zu einer Durchlaufzeitverkürzung beiträgt, in einen Soll-Prozeßplan eingearbeitet (Bild 3.15).

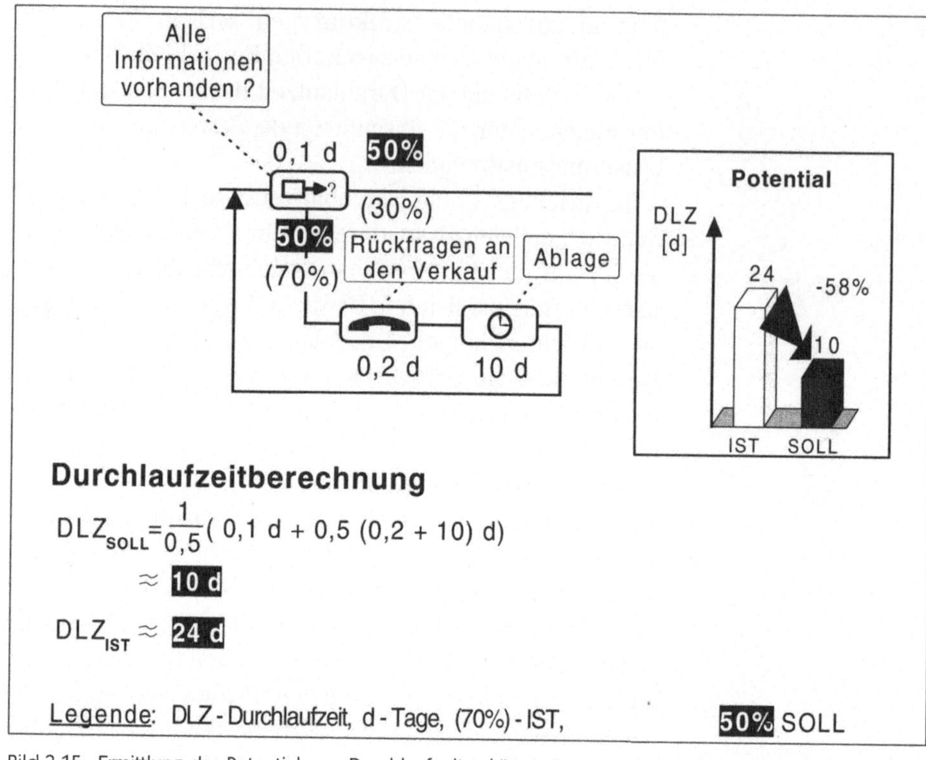

Durchlaufzeitberechnung

$$DLZ_{SOLL} = \frac{1}{0,5}\,(\,0,1\ d + 0,5\,(0,2 + 10)\ d\,)$$

$$\approx \boxed{10\ d}$$

$$DLZ_{IST} \approx \boxed{24\ d}$$

<u>Legende</u>: DLZ - Durchlaufzeit, d - Tage, (70%) - IST,   50% SOLL

Bild 3.15: Ermittlung des Potentials zur Durchlaufzeitverkürzung

Durch diese Vorgehensweise ist es möglich, genau nachzuweisen, wie sich die Einführung einer Maßnahme auf die Gesamtdurchlaufzeit auswirkt. Maßnahmen, die keinen Beitrag zu einer Gesamtdurchlaufzeitverkürzung leisten, sind nicht unbedingt weiterzuverfolgen. In dem gezeigten Beispiel würde sich die Durchlaufzeit um ca. 60 % reduzieren, wenn es gelänge, den Anteil der vollständig geklärten Aufträge von 30 % im Ist-Zustand auf 50 % zu erhöhen.

In mehreren Industrieprojekten wurden umfangreiche Erfahrungen bei der Planung und Organisation der Auftragsabwicklung gesammelt. Die vorgestellte Methode zur Reorganisation der Auftragsabwicklung wurde sowohl bei Anlagenbauern wie auch bei Einzel- und Kleinserienherstellern und Serienproduzenten eingesetzt. Die Durchlaufzeit kann je nach Unternehmen und Aufgabenstellung bis auf die Hälfte reduziert werden (Bild 3.16).

• Hohes Reorganisationspotential für die Durchlaufzeit

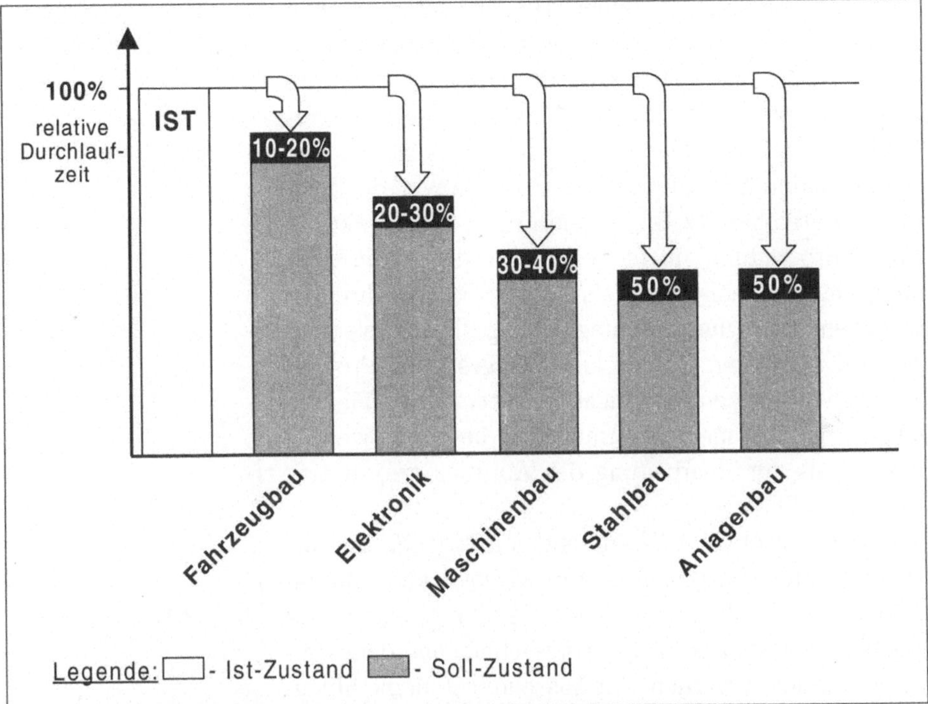

Bild 3.16: Ergebnisse einer prozeßorientierten Reorganisation der Auftragsabwicklung

3.3 Durchlaufzeitreduzierung in der Praxis

3.3.1 Anwendungen im Anlagenbau

3.3.1.1 Beseitigung von Informationsdefiziten

Ein markantes Merkmal des Anlagen- und Sondermaschi-
nenbaus ist der hohe, kundenspezifische Anteil an der
Produktion. Daraus ergibt sich, bezogen auf die zu produzierenden Stückzahlen, eine hohe, marktbedingte Variantenvielfalt. Eine wirtschaftliche Produktion unter diesen Bedingungen stellt ein großes Problem dar [Ev 90c].
Das folgende Beispiel verdeutlicht typische Probleme
und Lösungsansätze bezogen auf den Informationsfluß
bei der Auftragsabwicklung im Anlagenbau.

Eine häufig auftretende Schwachstelle sind sehr lange
Durchlaufzeiten in den der Produktion vorgelagerten
(indirekten) Bereichen. Die Ursachen für die Probleme
sind in der unvollständigen Bereitstellung auftragsrele-

vanter Informationen zu finden. D. h. die Informationen sind unvollständig oder nicht eindeutig, oder aber sie treffen zu spät für eine rechtzeitige Auftragsbearbeitung ein. Dadurch entstehen Rückfragen, Liegezeiten und Mißverständnisse bei der Bearbeitung und Doppelarbeit. Die Zeit, die dadurch für die Auftragsabwicklung in den indirekten Bereichen (z. B. Projektierung, Konstruktion, Arbeitsvorbereitung) nicht genutzt werden kann, muß durch einen erheblichen Mehraufwand in den direkten Bereichen (Fertigung, Montage) ausgeglichen werden. Die in den meisten Unternehmen eingesetzten Projektchecklisten besitzen hier nicht die notwendige Flexibilität, so daß oft mehr Informationen beschafft werden müssen, als zur Bearbeitung des Auftrags erforderlich wären [Ev 92].

Bei einem weltweit exportierenden Anlagenbauer wurde eine Analyse der gesamten Auftragsabwicklung durchgeführt. Zur Verdeutlichung des Handlungsbedarfs als Ergebnis der Analyse soll ein Ausschnitt aus dem Prozeßplan erläutert werden. Der Ausschnitt stellt die Abläufe in der Abteilung dar, die vor der Konstruktion eine Auftragsklärung durchführt und die Auftragsnummern (Komissionen) für einzelne Komponenten der Gesamtanlage festlegt.

Nach Auftragseingang werden die Aufträge, nach Liefertermin geordnet, bearbeitet (Bild 3.17). Bevor die eigentliche Auftragsbearbeitung durchgeführt wird, ist eine Prüfung auf Vollständigkeit der zur Bearbeitung notwendigen Informationen erforderlich. Von allen eingehenden Aufträgen sind durchschnittlich ca. 15 % ohne Rückfragen weiterzubearbeiten. Die restlichen Aufträge, d. h. ca. 85 %, sind jedoch zu diesem Zeitpunkt noch nicht vollständig zu bearbeiten, da bestimmte Informationen fehlen. Die Informationsbeschaffung für diese Aufträge dauert ca. 1 Woche. In diesem Zeitraum können ca. 25 % dieser noch unvollständigen Aufträge direkt geklärt werden (telefonisch oder schriftlich). Für die restlichen Aufträge (ca. 75 %) wird eine Liste mit den fehlenden Informationen an die entsprechende Stelle (z. B. Verkauf) weitergeleitet. Die Aufträge, die nicht weiterbearbeitet werden können, weisen hier eine Liegezeit von ca. 4 Wochen

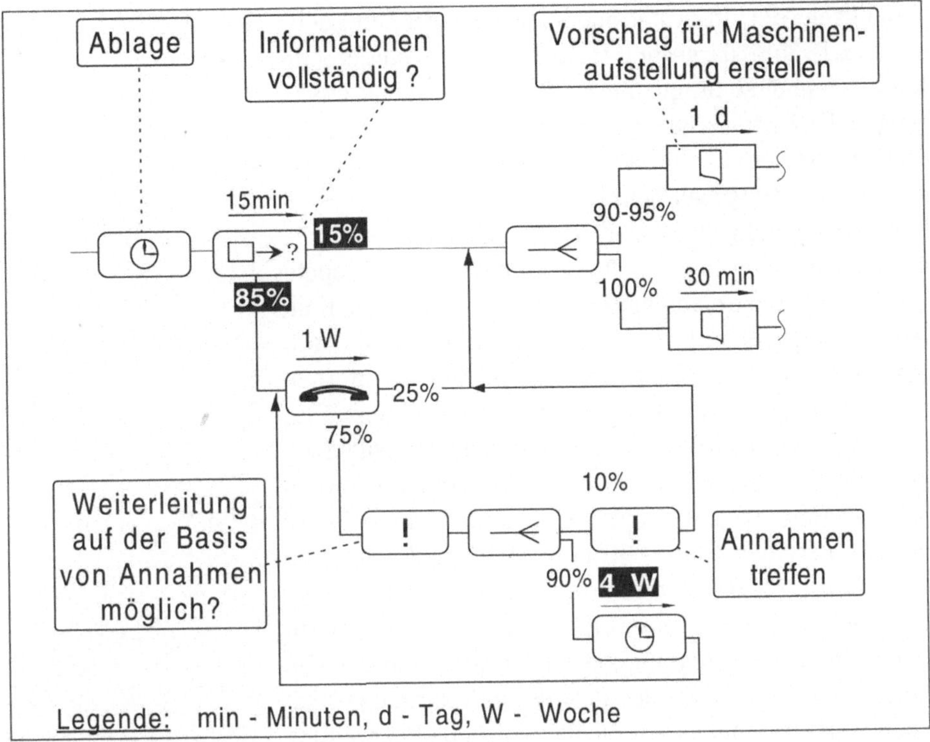

Bild 3.17: Ablauf der Auftragsklärung - Beispiel -

auf. Etwa 10% dieser Aufträge sind terminkritisch. Eine Weiterbearbeitung auf der Basis von Annahmen ist erforderlich.

Eine übergreifende Analyse der Abläufe der indirekten Bereiche zeigte, daß eine Prüfung auf Vollständigkeit der Informationen immer notwendig ist, da benötigte Informationen häufig fehlen. Die Informationsbeschaffung ist sehr zeitaufwendig, wodurch sich die Auftragsliegezeit erhöht. Für den Sachbearbeiter, der die fehlenden Informationen beschaffen muß, erhöht sich die Arbeitsbelastung, da die Informationsbeschaffung meist ein iterativer Prozeß ist und mit steigender Liegezeit die Anzahl der gleichzeitig zu bearbeitenden Aufträge zunimmt.

Aus der Prozeßanalyse läßt sich das existierende Informationsdefizit bei der Auftragsbearbeitung anhand der Auftragskonkretisierung feststellen. Dazu werden von einem angenommenen Soll-Verlauf die tatsächlichen Werte der Auftragskonkretisierung (gemessen an der Unvoll-

ständigkeit der Informationen zum Bearbeitungszeit-
punkt, z. B. 85%) dargestellt (Bild 3.18). Der resultierende
Kurvenverlauf stellt qualitativ die Auftragskonkretisierung im Ist-Zustand dar. Die schraffierte Fläche zwischen
Soll- und Ist-Verlauf charakterisiert das Informationsdefizit bei der Auftragsbearbeitung.

Eine vollständige Reduzierung des Informationsdefizits
ist unter den spezifischen Randbedingungen, z. B. späte
Festlegung von Gebäudeinformationen durch den Kunden, im Anlagenbau nicht möglich. Das Ziel ist es, durch
eine systematische Strukturierung von Auftragsinforma-
tionen (wer braucht was und wann?) Transparenz über
den Auftragsfortschritt zu schaffen und die Durchlaufzeiten in den indirekten Bereichen zu reduzieren. Die jeweils
an der Auftragsbearbeitung beteiligten Sachbearbeiter
können aus einer solchen Strukturierung die Eingangsin-
formationen für die Durchführung ihrer Aufgaben beziehen. Eine zusätzliche Unterstützung durch EDV-Program-
me kann die Abwicklung beschleunigen. Andererseits
können die Ergebnisse der Prozeßdurchführung gespei-
chert werden, damit sie für die nachfolgende Bearbeitung

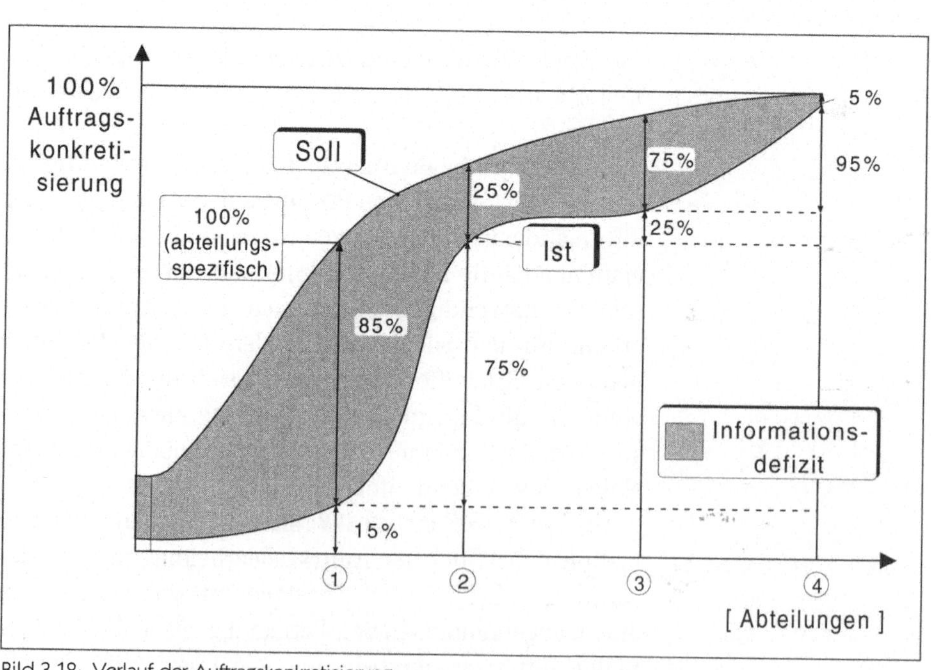

Bild 3.18: Verlauf der Auftragskonkretisierung

zur Verfügung stehen. Die Analyse der je Prozeß benötigten und erzeugten Informationen liefert den Input für ein solches Auftragsinformationssystem.

In dem betrachteten Unternehmen sind die notwendigen Strukturierungen der Informationen durchgeführt worden. Durch die Informationsstrukturierung konnte die Durchlaufzeit für die technische Auftragsklärung (von Angebots- bzw. Auftragseingang bis zur Erstellung der Stückliste) um ca. 50 % reduziert werden.

3.3.1.2 Reduzierung der Durchlaufzeit im Konstruktionsbereich

Bei einem Unternehmen des Anlagenbaus wurde die Prozeßkette „Konstruktion" analysiert. Das Unternehmen stellt Textilanlagen mit einem erheblichen kundenspezifischen Konstruktionsanteil her und ist stark exportorientiert. Die Gesamtdurchlaufzeit für die Produktherstellung beträgt 1 Jahr und mehr.

Gemeinsam mit den Mitarbeitern aus diesem Bereich wurde eine Prozeßanalyse durchgeführt. Anhand des Prozeßplans konnte ermittelt werden, daß ca. 95 % der Tätigkeiten nicht unmittelbar wertschöpfend waren (indirekte Prozesse). Es wurde viel Zeit für Klärung, Koordination und Planung aufgewendet. Bild 3.19 stellt einen Ausschnitt aus dem Prozeßplan dar. Nach Aufbau des Prozeßplans wurde die Durchlaufzeit berechnet. Es ergab sich eine durchschnittliche Durchlaufzeit für die untersuchte Prozeßkette „Konstruktion" von ca. 6 Monaten für Aufträge mit einem großen kundenspezifischen Anteil. Diese Größenordnung ist durchaus typisch für Anlagenbauer mit komplexem Produktspektrum.

Im erläuterten Beispiel wurden anschließend verschiedene Problemprozesse ausgegrenzt, die maßgeblich für die langen Durchlaufzeiten verantwortlich sind (Bild 3.20).

Hierbei handelt es sich beispielsweise um Prozesse, die einen erheblichen Liegezeitanteil an der gesamten Durchlaufzeit darstellen. Die Ablage von Aufträgen vor der eigentlichen Konstruktion der Baugruppen mit einer durchschnittlichen Liegezeit von ca. 3 Monaten stellt ungefähr 50 % der Gesamtdurchlaufzeit in der Konstruktion dar.

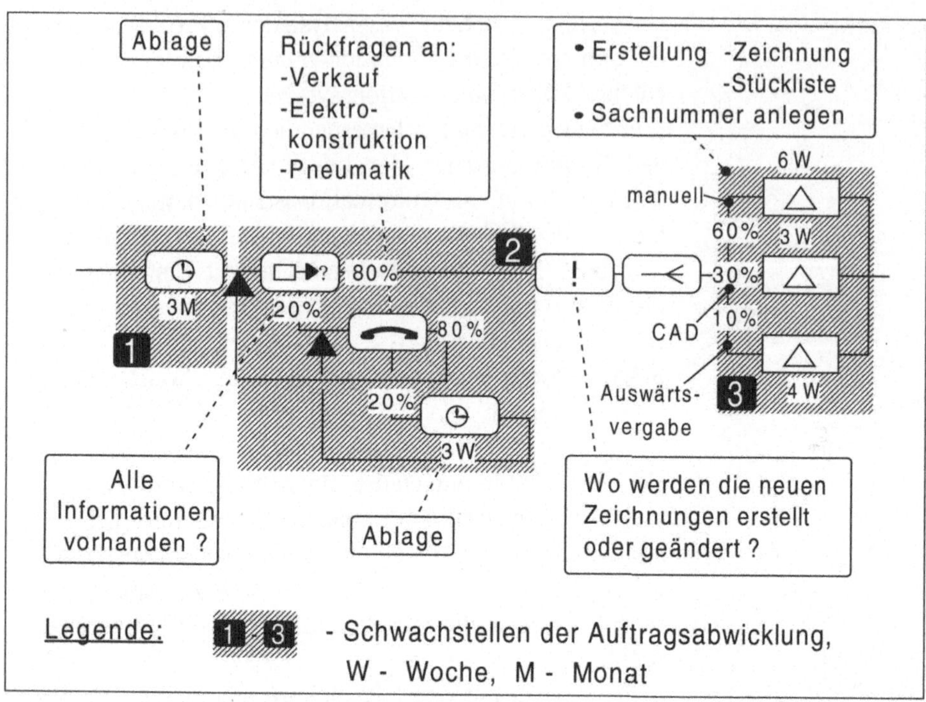

Bild 3.19: Ablauf der Auftragsabwicklung in der Konstruktion

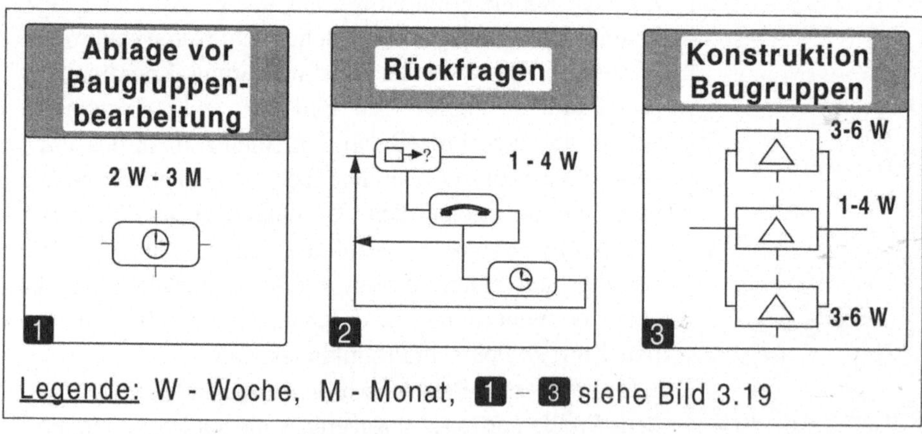

Bild 3.20: Schwachstellen der Auftragsabwicklung in der Konstruktion - Beispiel

Rückfragen aufgrund von fehlenden Informationen sind in dieser Prozeßkette bei ca. 20 % der Aufträge festzustellen. Die resultierenden Liegezeiten können bis zu 3 Wochen betragen.

Der Konstruktionsprozeß für die Baugruppen mit einer Durchlaufzeit von bis zu 6 Wochen (ca. 25 % der Gesamt-

durchlaufzeit) aufgrund eines hohen Anteils manueller Zeichnungserstellung (60% des durchschnittlichen Auftragsvolumens) war ebenfalls Gegenstand der Reorganisation (Bild 3.21).

Die lokalisierten Schwachstellen wurden im weiteren Verlauf des Projektes detaillierter analysiert. Wesentlich ist, daß nur diese Schwachstellen genauer untersucht werden, da hier das größte Rationalisierungspotential zu erwarten ist.

Eine Maßnahme, um beispielsweise den Konstruktionsprozeß zu beschleunigen, war in diesem Projekt die Einführung von zusätzlichen CAD-Arbeitsplätzen. Dadurch können die manuelle Zeichnungserstellung und gegebenenfalls eine durch hohen Abstimmungsaufwand ineffiziente Auswärtsvergabe eliminiert werden (Bild 3.22).

Eine Reduzierung der Liegezeiten vor der Baugruppenbearbeitung erfordert eine übergeordnete Auftragsplanung und -steuerung. Dadurch werden Liegezeiten von Aufträgen überwacht und diese nach einer festzulegenden maximalen Liegezeit zur Weiterbearbeitung mit entsprechender Dringlichkeit angestoßen.

Nachdem für alle Problemprozesse zusammen mit den jeweiligen Mitarbeitern Maßnahmen erarbeitet wurden, wird für die Gesamtbewertung das Verbesserungspotential

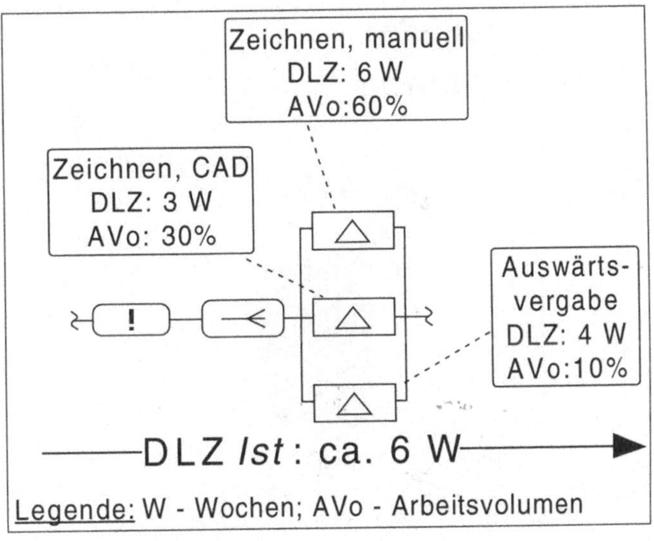

Bild 3.21: Schwachstellen im Konstruktionsprozeß

• Maßnahmen

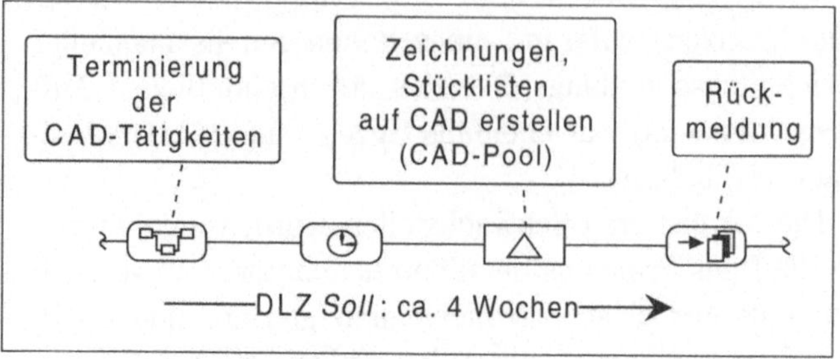

Bild 3.22: Soll-Ablauf der Zeichnungserstellung

bestimmt. Für jede dieser Maßnahmen läßt sich bestimmen, welche Durchlaufzeitverkürzung „lokal" zu erreichen ist. Die Ergebnisse dieser Betrachtung werden in
den Prozeßplan eingearbeitet, um die Soll-Durchlaufzeit
für die gesamte Prozeßkette zu berechnen. Durch diese
Vorgehensweise kann nachgewiesen werden, wie sich die
Einführung einer lokalen Maßnahme auf die Gesamtdurchlaufzeit auswirkt.

　　In dem Beispielunternehmen konnte durch die Anwendung der Methode zur prozeßorientierten Reorganisation
der Auftragsabwicklung ein Durchlaufzeitverkürzungspo-
tential in der Größenordnung von 44-48 % je nach Auftragstyp (Standard-/ Sonderauftrag) festgestellt werden
(Bild 3.23).

- Mitarbeiter erken-
  nen das Potential

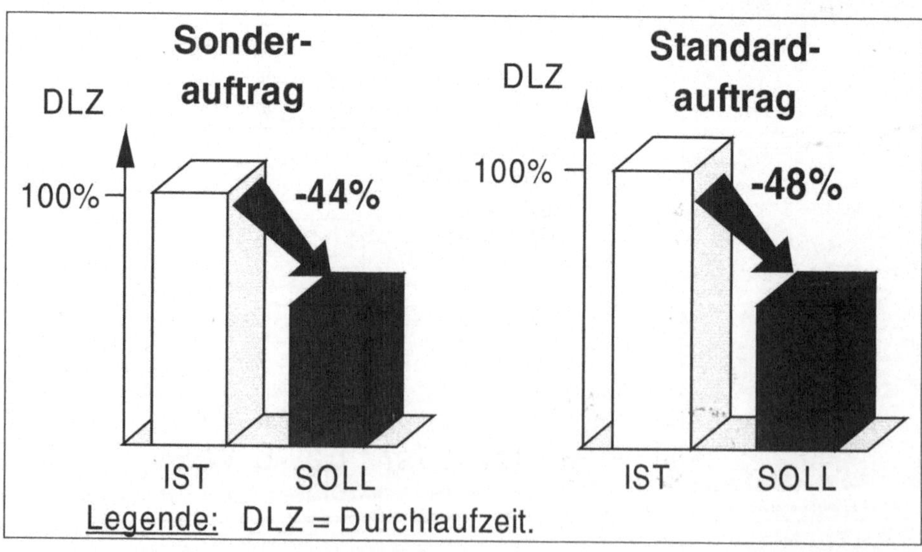

Bild 3.23: Potential der Reorganisation im Anlagenbau

3.3.1.3 Durchlaufzeitreduzierung in der Elektrokonstruktion

Das betrachtete Unternehmen versteht sich als Anbieter von Komponenten und Gesamtlösungen für die kunststoffverarbeitende Industrie. Der international geprägte Markt ist durch starken Kundeneinfluß und hohe Anforderungen an kurze Lieferzeiten bei guter Termintreue gekennzeichnet.

Durch Untersuchungen der mechanischen Konstruktion konnten bereits umfangreiche Potentiale zur Reduzierung der Durchlaufzeit in den planenden Bereichen nachgewiesen werden. Aus diesem Grunde wurden die Arbeiten auf die Auftragsabwicklung in der Elektrokonstruktion ausgeweitet. Der Bereich umfaßt die Auslegung der Schaltungen und Auswahl der Hardware, die Konstruktion der Schaltschränke und die Entwicklung der Software zur Steuerung der Anlagen.

Die Abläufe bei der Auftragsbearbeitung wurden mit Hilfe der Prozeßelementmethode analysiert. Auf dieser Grundlage konnten eine Gesamtdurchlaufzeitanalyse durchgeführt und Problemprozesse ausgegrenzt werden.

Nach Ermittlung der Auftragsdurchlaufzeiten im Prozeßplan wurde die Auftragsabwicklung im Elektrobereich terminlich in den Gesamtablauf der Auftragsabwicklung eingeordnet.

Die Ergebnisse aus dieser Prozeßanalyse wurden durch eine Tätigkeitsanalyse detailliert, um Angaben über den Kapazitätsbedarf der Prozesse zu erhalten (Bild 3.24). Das Analyseverfahren und die eingesetzten Analysehilfsmittel wurden gemeinsam mit den Mitarbeitern der Abteilung in einem Workshop erarbeitet. Aus der Tätigkeitsanalyse wurde das abteilungsspezifische Tätigkeitsprofil abgeleitet. Die gewonnenen Erkenntnisse halfen bei der Verifizierung der Ablaufanalyse ebenso wie bei der Quantifizierung der vorhandenen Rationalisierungspotentiale.

Die Analyse der Abläufe zeigte unter anderem einen starken Einfluß von Störungen wegen nachträglicher Änderungen der Auftragsspezifikation durch den Kunden (Bild 3.25). Dadurch werden erneute technische Klärungen sowie gegebenenfalls. Neuterminierungen erforder-

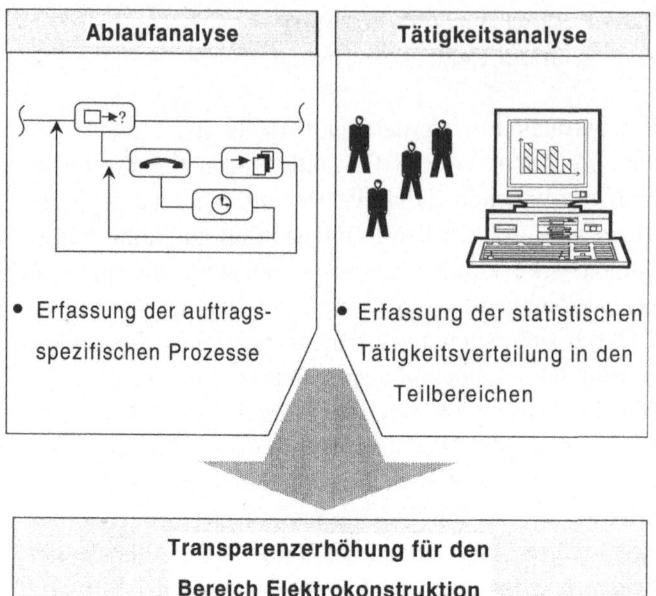

Bild 3.24: Parallele Prozeß- und Tätigkeitsanalyse

lich. Durch die Überarbeitung von bereits gewonnen Ergebnissen entsteht ein Mehraufwand, wodurch sich auch die Bearbeitung anderer Aufträge verzögern kann.

Wegen langer Beschaffungszeiten für bestimmte Teile erfolgt die Bestellung der Teile lange vor der Fertigstellung des Schaltplans. Wesentliche Vorgänge, wie die Ausschreibung von Stücklisten für die Beschaffung, müssen aus Termingründen früher durchgeführt werden. Dadurch

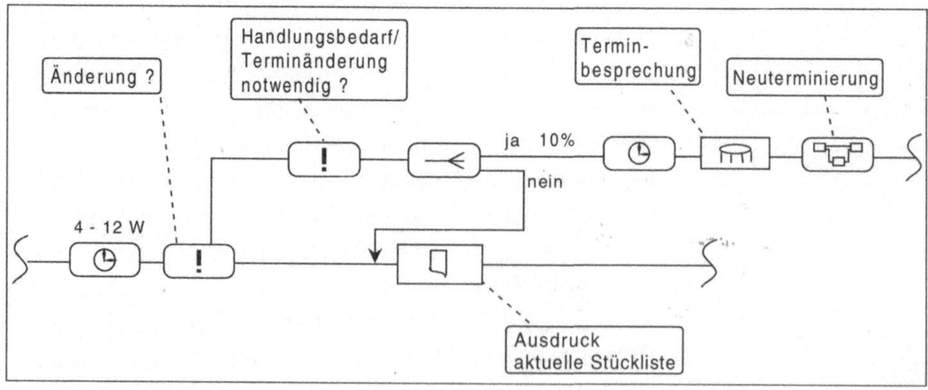

Bild 3.25: Schwachstelle „Änderungen"

• Hoher Änderungs-
aufwand in nachge-
lagerten Bereichen

können zahlreiche, im Schaltplan enthaltene Informationen für die Bearbeitung dieser Unterlagen nicht genutzt werden. Der spätere Abgleich der Schaltplaninformationen mit den übrigen Unterlagen verursacht weitere Änderungen.

In Ergänzung zur Ablaufanalyse half die Tätigkeitsanalyse, die Auswirkungen einzelner Abwicklungsmodalitäten zu quantifizieren. Es wurde ermittelt, daß 60% des gesamten Änderungsaufwandes der betrachteten Abteilungen zu gleichen Teilen vom Schaltschrankbau und der Dokumentation getragen werden (Bild 3.26). Diese Änderungen sind im wesentlichen auf Korrekturen von vorläufig weitergegebenen Informationen und nachträglich einfließende Kundenwünsche zurückzuführen.

Folgende Maßnahmen wurden im Team mit Mitarbeitern des Unternehmens herausgearbeitet:

• Einbeziehung des
Kunden zur Vermei-
dung von Änderun-
gen

• Verbesserung der Vollständigkeit von Unterlagen vor deren Weiterleitung an nachgelagerte Abteilungen zur Vermeidung von Rückfragen.
• Gezielte Einbeziehung des Kunden in den Auftragsablauf zur Reduzierung von Änderungen.

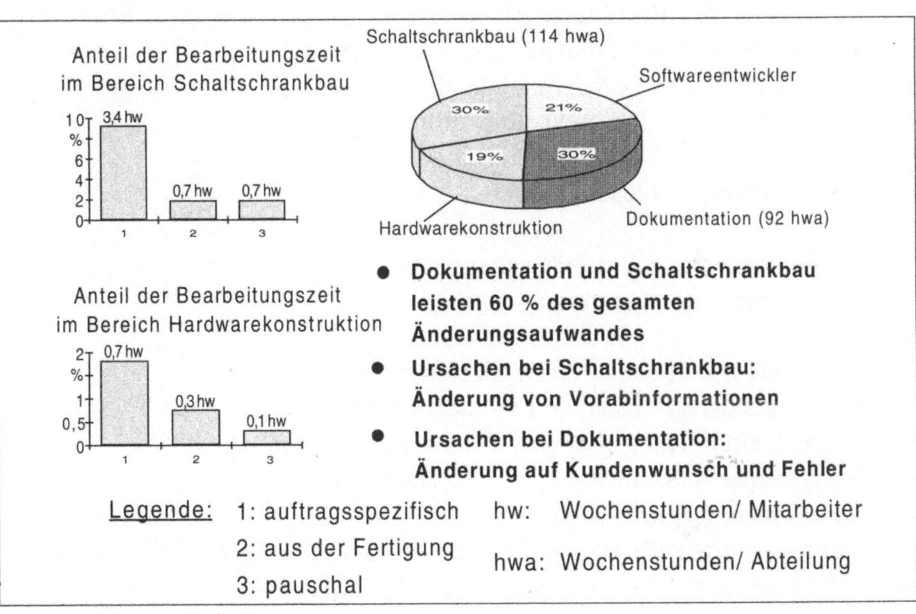

Bild 3.26: Potentiale für Änderungen

- Vorziehen der Schaltplanerstellung zur Nutzung von Ergebnissen in nachgelagerten Abteilungen.

Damit können folgende Rationalisierungspotentiale erschlossen werden:

- Durch die Übergabe vollständiger Unterlagen bei der Auftragsabwicklung können Rückfragen vermieden werden. Für den Schaltschrankbau bedeutet dies eine Reduzierung der Abteilungsdurchlaufzeit um 7 Tage.
- Das Vermeiden von Änderungen um 50 % bewirkt eine Freisetzung von Bearbeitungskapazität in Höhe von 80 Wochenstunden im Schaltschrankbau und 46 Wochenstunden in der Dokumentation. Beim Schaltschrankbau wurde dabei berücksichtigt, daß 40 % der dort anfallenden Änderungen auf Korrekturen der Vorabinformationen der Hardwarekonstruktion zurückzuführen sind.
- Die veränderte Bearbeitungsreihenfolge erlaubt die Nutzung von Schaltplandaten für die Ausschreibung der Stücklisten. Diese Maßnahme bewirkt eine Verkürzung der Abteilungsdurchlaufzeit um 3 Tage im Schaltschrankbau.

Die vorgeschlagenen Maßnahmen tragen zur Reduzierung des Aufwandes für die Auftragsbearbeitung in der Elektrokonstruktion bei. Durch die Summe aller ermittelten Rationalisierungspotentiale konnte die Abteilungsdurchlaufzeit um bis zu 18 % reduziert werden.

3.3.2 Anwendung im Maschinenbau

3.3.2.1 Auftragsklärung und Auftragsleitstelle bei einem Maschinenbauunternehmen

Das betrachtete Unternehmen ist ein Maschinenbauunternehmen mit kundenspezifischem Produktspektrum mittlerer Komplexität. Aufgrund von Voruntersuchungen wurde festgestellt, daß eine Reorganisation der gesamten Auftragsabwicklung erforderlich war. Unter diesen Randbedingungen wurden sämtliche Geschäftsprozesse von der Auftragsannahme bis zur Auslieferung des fertigen Produktes analysiert.

Das Ergebnis war eine Projektlandschaft, die alle zur Optimierung der Auftragsabwicklung erforderlichen Maßnahmen enthielt. Diese Maßnahmen waren bezüglich Realisierungsaufwand, geplanter Dauer der Umsetzung und Höhe des Potentials zur Durchlaufzeitverkürzung gewichtet und stellten eine konkrete Handlungsanleitung für die Realisierungsphase dar. Das Potential zur Verkürzung der Durchlaufzeit über das gesamte Produktspektrum betrug ca. 40 % (Bild 3.27) [Ev 94c].

Insgesamt wurden mehr als 20 Maßnahmen erarbeitet, die alle Unternehmensbereiche vom Vertrieb bis zum Versand betrafen. Hierbei handelte es sich beispielsweise um die Einführung einer:

- prozeßorientierten Auftragsleitstelle,
- EDV-gestützten Angebots- und Auftragsklärung,
- logischen Materialreservierung
-usw.

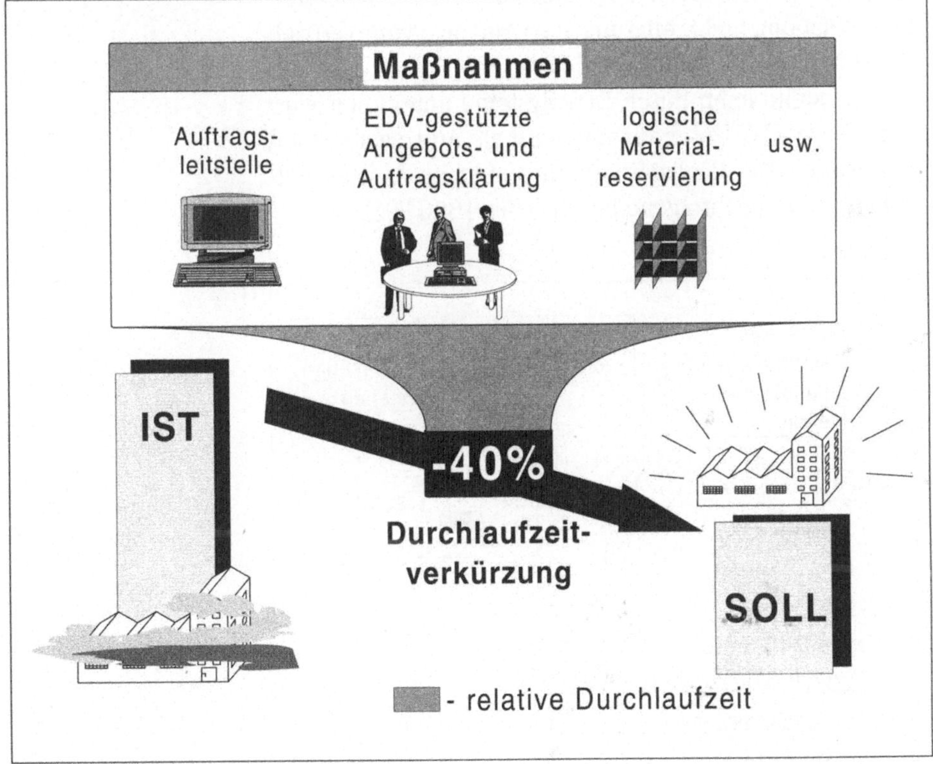

Bild 3.27: Potentiale der Reorganisation [Ev 94c]

Die Prozeßanalyse hatte unter anderem ergeben, daß während der Auftragsbearbeitung sehr häufig zeitintensive Rücksprachen mit dem Vertrieb erforderlich waren (Bild 3.28).

Zusätzlich war eine Liegezeit vor Erstellung der Auftragsspezifikation von durchschnittlich 5 Tagen festzustellen. Eine Untersuchung des Produktspektrums hat ergeben, daß eine EDV-gestützte Angebots- und Auftragsklärung durch das am WZL entwickelte System INKOS diese Zeiten erheblich reduzieren kann. Der Anteil vollständig geklärter Aufträge liegt nach Einführung des Systems bei ca. 75%. Die Durchlaufzeit für geklärte Aufträge durch den Vertriebs-Innendienst beträgt durchschnittlich nur noch 10 Minuten (Bild 3.29).

Weiterhin wurde für die bereichsübergreifende Auftragsplanung und -steuerung auf Basis der analysierten Geschäftsprozesse eine Auftragsleitstelle konzipiert. Unter einer Auftragsleitstelle ist hier die aufbauorganisatorische Stelle zu verstehen, die für die bereichsübergreifende Planung und Steuerung aller Aufträge vom Vertrieb bis zum Versand verantwortlich ist. Die Arbeit der Auftragsleitstelle kann durch EDV-Systeme unterstützt werden. Diese EDV-Unterstützung wird als Auftragsleitstand bezeichnet. Die Realisierung eines solchen Auftragsleitstandes wird nachfolgend beschrieben [Büd 89, Lh 93].

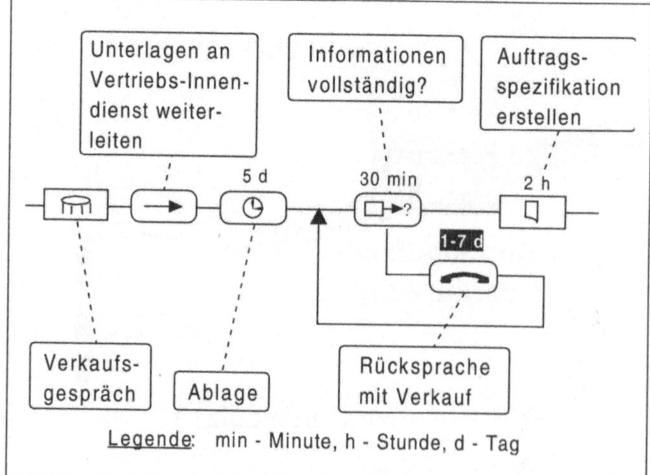

Bild 3.28: Problem Auftragsklärung

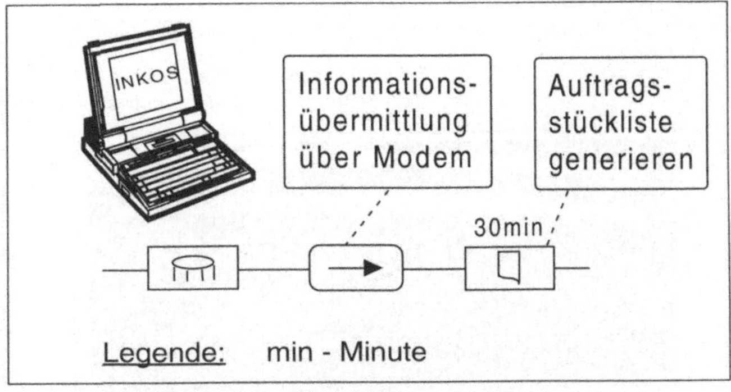

Bild 3.29: EDV-gestützte Auftragsklärung

Die Grundlage für die Konzeption des Auftragsleitstandes war der Prozeßplan des Soll-Zustands. Dieser Prozeßplan wurde gemeinsam mit den Mitarbeitern des Unternehmens in sogenannte Steuerungssegmente aufgeteilt. Bei diesen Segmenten handelt es sich um Prozeßketten, in denen ein abgegrenzter Arbeitsumfang eines Auftrags bearbeitet wird.

Die Grundlage der Abgrenzung ist die Festlegung von Auftragstypen. Je nach Auftragstyp ist ein unterschiedlicher Arbeitsumfang zu bearbeiten, entsprechend werden auch verschiedene Prozeßketten durchlaufen. Ein Standardprodukt, das beispielsweise aus einem Baukasten angeboten werden kann, muß nicht mehr durch die Konstruktion geleitet werden, sondern wird unmittelbar nach der Auftragsspezifikation durch den Vertrieb und der Einplanung durch die Auftragsleitstelle disponiert und zur Montage bereitgestellt.

Anhand des Prozeßplans werden für die Ableitung der notwendigen Funktionalitäten des Auftragsleitstands die durchzuführenden Prozeßketten gemeinsam mit den Mitarbeitern der Auftragsleitstelle und der EDV-Abteilung bezüglich der erforderlichen Eingangs- und Ausgangsinformationen untersucht. Aus den Ergebnissen der Analyse lassen sich die Planungs- und Steuerungsfunktionalitäten bestimmen, die für die Aufgaben der Auftragsleitstelle erforderlich sind.

Im Anschluß an die Definition der Funktionalitäten konnte mit der Realisierung des Auftragsleitstands begonnen werden. Das Ziel war eine schnelle Umsetzung

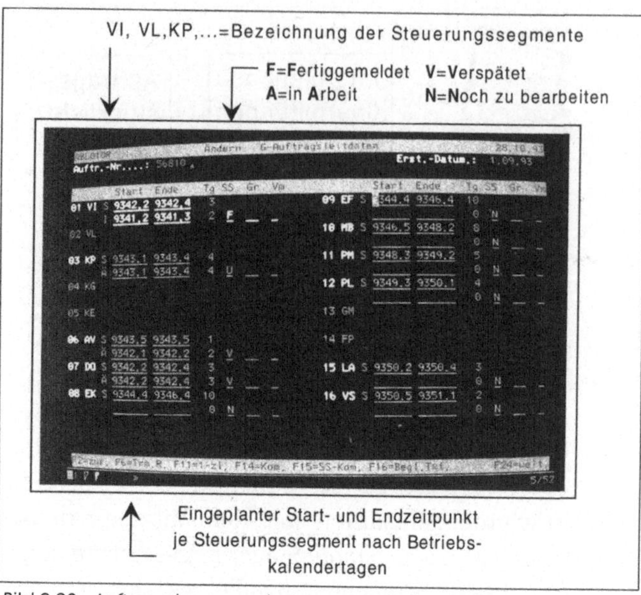

Bild 3.30: Auftragsplanung und -steuerung mit dem Auftragsleitstand

und eine weitgehende Nutzung vorhandener Ressourcen. Das bezog sich zum einen auf bestehende Soft- und Hardware, aber auch auf die Nutzung der unternehmenseigenen Personalkapazitäten für die Programmierung. Die Programmierung der Software wurde in dem Unternehmen in der sehr kurzen Programmierzeit von nur 4-5 Monaten durchgeführt (Bild 3.30). Danach konnte den Mitarbeitern der Auftragsleitstelle eine erste Testversion zwecks Einsatzprüfung zur Verfügung gestellt werden.

• Konzentration auf die wesentlichen Funktionalitäten

3.3.2.2 Reorganisation der Geschäftsprozesse im Fahrzeugbau

In den Unternehmen des Fahrzeugbaus mit kundenspezifischem Produktspektrum ist eine steigende Zahl von technischen Sonderwünschen zu beobachten, die bei geringerer Auftragszahl zu einem erhöhten Bearbeitungsaufwand führt. Unter diesen Randbedingungen ist es fast unmöglich, notwendige Rationalisierungsmaßnahmen parallel zum Tagesgeschäft erfolgreich durchzuführen. Das Unternehmen, welches in diesem Beispiel beschrieben wird, hatte in den letzten 13 Jahren ein Umsatzwachstum von über 330 % zu verzeichnen. Die Konzentration auf

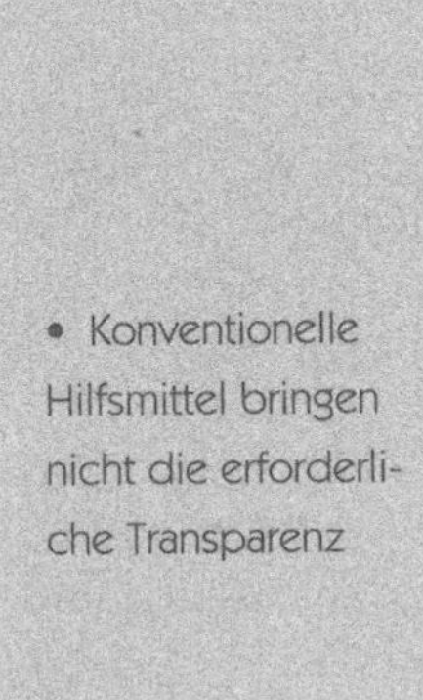

das Kerngeschäft, d. h. ein klares Produktprogramm, hat in relativ kurzer Zeit zu großen Marktanteilen geführt. Dieses Wachstum wurde durch ständige Maßnahmen zur Optimierung der Auftragsabwicklung begleitet. Diese Maßnahmen waren jedoch teilweise bereichsbezogen. Neben einer erwünschten hohen Auslastung besonders in den produzierenden Bereichen (Fertigung, Montage) führte dies aber zu extrem langen Lieferzeiten. Die Ursachen für die langen Durchlaufzeiten waren in ablauforganisatorischen Mängeln zu finden.

Die verantwortlichen Mitarbeiter des Unternehmens beschlossen, eine Reorganisation der Auftragsabwicklung durchzuführen. Die Analyse sollte sämtliche Geschäftsprozesse von der Angebots- und Auftragserstellung bis zur Auslieferung des fertigen Produktes berücksichtigen. Dazu wurde zunächst der Informationsfluß anhand des Dokumentenflusses untersucht. Diese Analyse erfolgte mit konventionellen Hilfsmitteln. Die Darstellung des Informationsflusses in einem Ablaufdiagramm brachte nicht die erforderliche Transparenz (Bild 3.31).

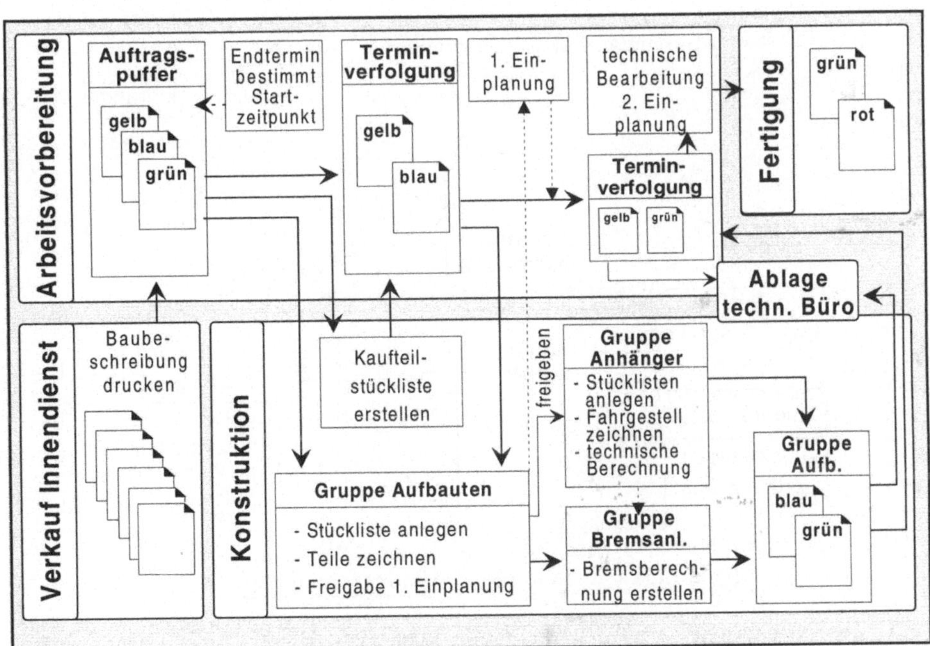

Bild 3.31: Ablaufanalyse mit konventionellen Hilfsmitteln - keine Transparenz vorhanden

Existierende Schwachstellen, die maßgeblich lange Durchlaufzeiten verursachten, waren nicht zu erkennen. Es bestand dringender Handlungsbedarf, ein Hilfsmittel einzusetzen, das eine transparente Darstellung der komplexen Unternehmensabläufe unterstützt.

Die Analyse wurde unter Zuhilfenahme der Prozeßelemente detailliert. Die Art der Darstellung ermöglichte eine leichte Lesbarkeit der existierenden Abläufe (Bild 3.32). Liegezeiten von zwei bis vier Wochen und Rückfragen aufgrund unvollständiger Auftragsbeschreibungen bei 50-60 % der Aufträge wurden sofort erkannt. Die durchschnittliche Durchlaufzeit für die Informationsbeschaffung bei diesen Aufträgen betrug ca. eine Woche. Es ließ sich weiterhin feststellen, daß bei der Hälfte der Standardaufträge nicht alle erforderlichen Informationen vorhanden waren.

Die hier beschriebenen Schwachstellen konnten durch den Einsatz einer EDV-gestützten Angebots- und Auftragsklärung beseitigt werden.

Eine kontinuierliche Durchführung von Prozeßanalysen ermöglicht es, die Ablauforganisation der Auftragsab-

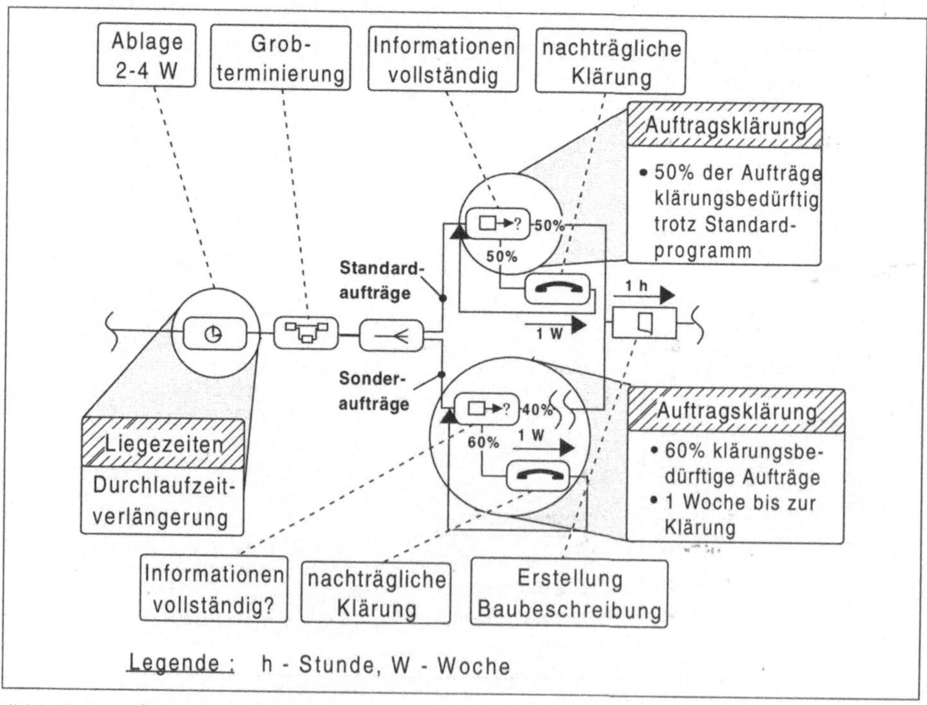

Bild 3.32: Prozeßplan der Auftragsklärung

wicklung ständig an die sich ändernden Randbedingungen und externen Einflüsse anzupassen. Nach Abschluß des Reorganisationsprojekts wurde von dem Unternehmen die Methode der Prozeßanalyse übernommen, um durch eine kontinuierliche Anwendung weitere Potentiale aufzudecken. Es wurden Arbeitsgruppen aus Mitarbeitern gebildet, die das erforderliche Wissen für die jeweilige Aufgabenstellung besaßen. Gemeinsam wurden Prozeßanalysen durchgeführt und erkannte Schwachstellen direkt beseitigt.

Eine Untersuchung hat gezeigt, daß der Transport von Meßdaten in das technische Büro 10% der gesamten Durchlaufzeit in Anspruch nahm (Bild 3.33). Es wurde vereinbart, die Meßdaten nicht mehr in die Hauspost zu geben. Sie wurden ab sofort direkt an den entsprechenden Sachbearbeiter im technischen Büro weitergeleitet. Die erzielte Durchlaufzeitverkürzung von ca. 10% war somit direkt realisiert.

Für die Umsetzung dieser Maßnahme war keine Investition erforderlich. Der gesamte Personalaufwand für die

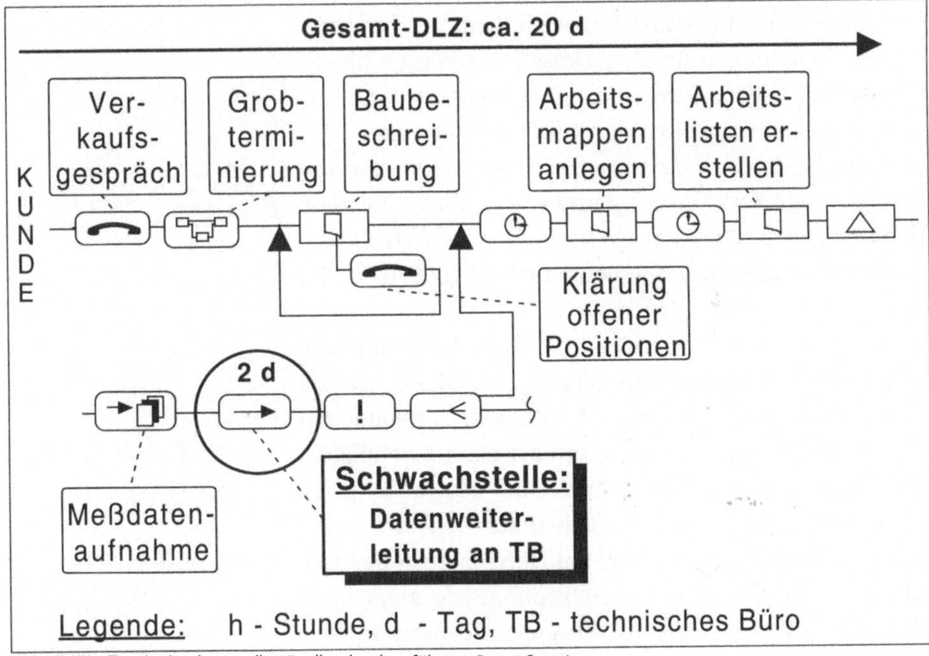

Bild 3.33: Ergebnis einer selbständig durchgeführten Prozeßanalyse

Durchführung der Prozeßanalyse belief sich auf ca. 5 Manntage. Erfahrungsgemäß nimmt der erforderliche Aufwand für eine Prozeßanalyse mit zunehmender Erfahrung im Umgang mit der Methode ab.

Das Beispiel zeigt, daß eine kontinuierliche Verbesserung der Auftragsabwicklung durch die Mitarbeiter selbst durchgeführt werden kann. Eine Vielzahl von kleinen Maßnahmen, die sofort umgesetzt werden, führt insgesamt zu erheblichen Erfolgen.

3.3.2.3 Aufbau einer Projektlandschaft im Transportanlagenbau

Das Unternehmen ist Anbieter von Komponenten und Gesamtlösungen für Transportanlagen. Die Produkte für einen international ausgerichteten Markt werden in Einzel- und Kleinserienproduktion kundenspezifisch hergestellt.

Ziel der Untersuchung war die auf einer unternehmensweiten Analyse der technischen Auftragsabwicklung basierende Erstellung einer Projektlandschaft. In einem Aufwand-Nutzen-Portfolio sollten die zur Optimierung der internen Abläufe erarbeiteten Maßnahmen bewertet und eine Reihenfolge für ihre Umsetzung vorgeschlagen werden. Im Rahmen dieses Projektes wurde auf die Einbeziehung der Mitarbeiter des Unternehmens und ihrer Erfahrung besonderer Wert gelegt. Um die Akzeptanz der Ergebnisse zu verbessern, wurden die Maßnahmen in Projektteams erarbeitet. Diese bestanden aus betroffenen Mitarbeitern des Unternehmens und Angehörigen des WZL.

In einem ersten Schritt erfolgte die qualitative Abbildung und Analyse des Auftragsdurchlaufes durch das Unternehmen in einem Prozeßplan. Eine zweite Interviewrunde mit allen an der technischen Auftragsabwicklung beteiligten Abteilungen diente der Quantifizierung des Prozeßplans und der Ableitung von Schwachstellen. Dabei wurden bezüglich der primär betrachteten Durchlaufzeit der Aufträge erhebliche Rationalisierungspotentiale aufgedeckt (Bild 3.34). Die erarbeiteten Zwischenergebnisse wurden in einer Präsentation allen Abteilungen gemeinsam vor-

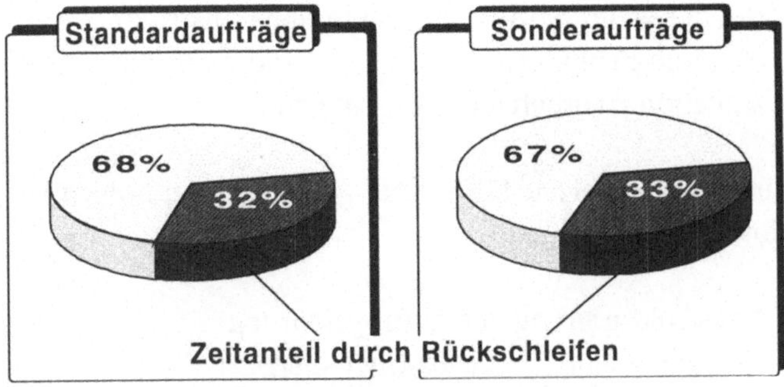

Bild 3.34: Aufdecken von Rationalisierungspotentialen

gestellt. Ziel dieser Zwischenpräsentation und der sich daran anschließenden Diskussion war die Ermittlung der von den aufgedeckten Schwachstellen betroffenen Abteilungen und einer auf diesen Ergebnissen basierenden Zusammenstellung der abteilungsübergreifenden Projektteams.

Im zweiten Projektabschnitt wurden die aufgedeckten Schwachstellen in den Projektgruppen detailliert analysiert und mögliche Problemlösungen diskutiert. Bei der Bewertung der Schwachstellen und der Abschätzung von Einsparpotentialen konnte der erstellte Prozeßplan dabei als aussagekräftige Diskussionsgrundlage und Datenbasis dienen. Beispielhaft für eine Vielzahl bearbeiteter Problemfelder sollen hier die Ergebnisse bezüglich der Auftragsklärung dargestellt werden.

Die bisherige Auftragsklärung war gekennzeichnet durch eine unvollständige Auftragszusammenstellung im Kundengespräch, fehlende bzw. ungeeignete Vertriebsunterlagen sowie eine zu späte Einbindung der nachgelagerten Bereiche in die Auftragsabwicklung. Als eine Schwachstelle mit besonders weitreichenden Auswirkungen ergab sich die Erstellung und Anwendung der betriebsinternen Auftragsspezifikation. Die beiden folgenden Schnittstellen stellten dabei ein erhebliches Störpotential dar:

- Die von Außendienstmitarbeitern im Verkaufsgespräch nur unvollständig bzw. mißverständlich erstellten Unter-

lagen wurden durch den Vertriebs-Innendienst häufig fehlerbehaftet in die betriebsinterne Auftragsspezifikation umgesetzt.
- Bei der weiteren Anwendung in der Konstruktion kam es durch Fehlinterpretationen der nicht korrekten Spezifikation zu erheblichen Störungen.

Eine Fehleranalyse führte zur Ableitung der folgenden Maßnahmen:

- Neustrukturierung der Auftragsklärung
- Erstellung einer Vertriebs-Checkliste
- Neustrukturierung der betriebsinternen Auftragsspezifikation.

Im Rahmen der Neustrukturierung der Auftragsklärung wurden drei unterschiedliche Auftragstypen identifiziert (Bild 3.35). Diesen Typen wurden verschiedene Arten der Auftragsklärung zugewiesen.

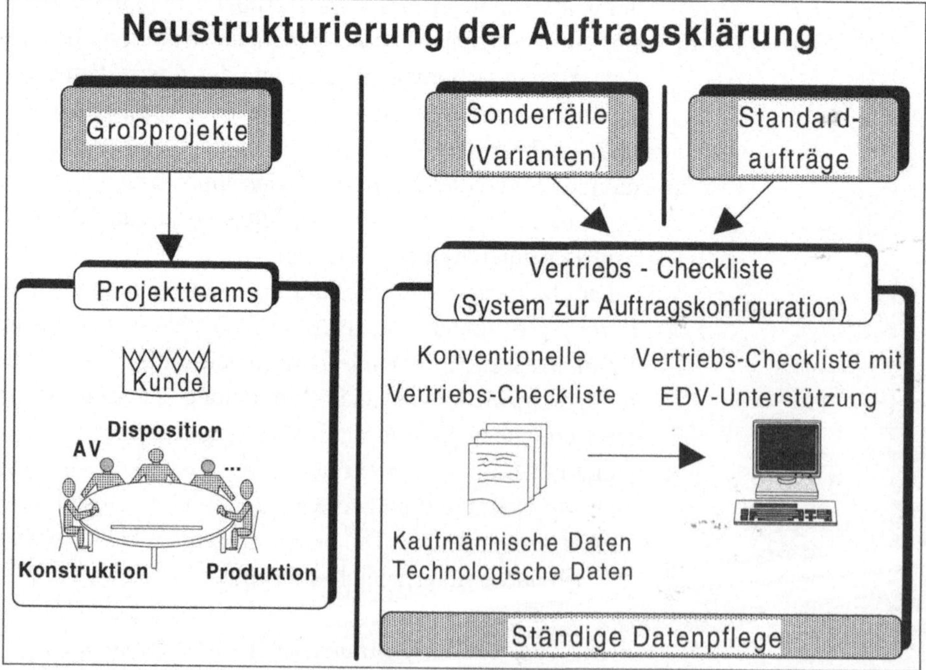

Bild 3.35: Identifizierung von drei unterschiedlichen Auftragstypen

• Ausarbeitung der Verbesserungsmaßnahmen

Für Großprojekte ist eine frühe Einbeziehung nachgelagerter Bereiche, wie der Elektrokonstruktion, von besonderer Bedeutung. Die Auftragsklärung ist hier zukünftig durch die Bildung von auftragsspezifischen, abteilungsübergreifenden Projektteams und deren frühzeitiger Einbeziehung zu unterstützen.

Eine speziell entwickelte Vertriebs-Checkliste soll Außendienstmitarbeiter im Verkaufsgespräch für Standard- und Sonderaufträge unterstützen. Dem Innendienst werden dadurch die Informationen bereitgestellt, die zur Erstellung einer vollständigen, internen Spezifikation des Auftrags nötig sind. Bei der Erstellung der Auftragsspezifikation werden durch vorgegebene Textblöcke und eine aufbereitete Informationsbereitstellung interner Daten Mißverständnisse reduziert. Gleichzeitig werden Fehlinterpretationen im Bereich der Konstruktion vermieden.

• Einsparungspotential

Das Einsparungspotential der Maßnahmen zur Auftragsklärung errechnete sich mit Hilfe des Prozeßplans zu ca. 20 % des in Bild 3.34 dargestellten Gesamtpotentials. Dieser Anteil beträgt ca. 7 % der Gesamtdurchlaufzeit. In Abhängigkeit vom Auftragstyp sind dies 2-8 Wochen.

Bild 3.36 zeigt einen Ausschnitt des als Abschluß der Analyse entwickelten Aufwand-Nutzen-Portfolios.

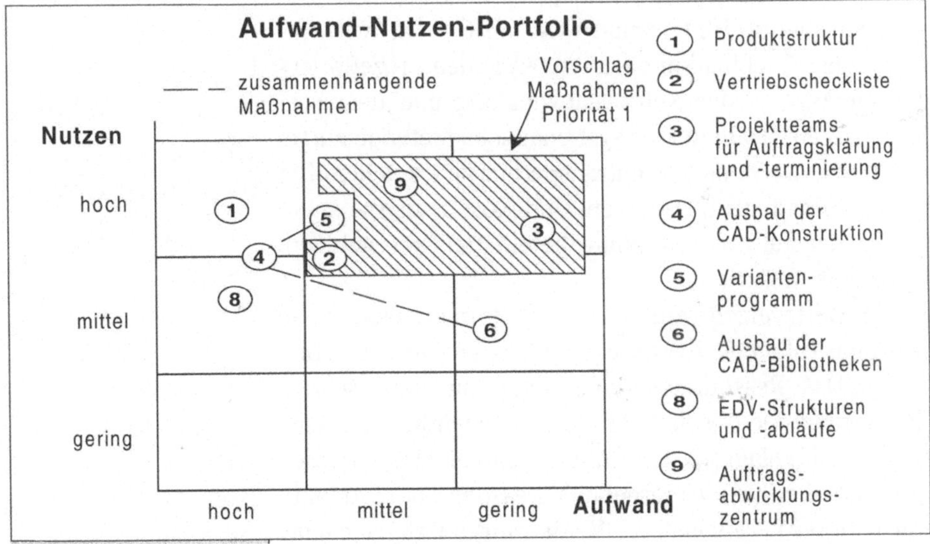

Bild 3.36: Portfolio-Bewertung der Maßnahmen

Das Potential zur Reduzierung der Durchlaufzeit konnte durch die Berücksichtigung nur der wichtigsten Maßnahmen und allein durch Vermeidung von Rückschleifen im Prozeßplan auf 20 % quantifiziert werden. Hierbei sind nichtquantifizierbare Vorteile, wie die Auswirkungen aufgrund einer geringeren Anzahl von Änderungen und einem insgesamt beruhigten Auftragsdurchlauf, noch nicht berücksichtigt. Die ständige Anwendung des Prozeßplans in der Projektarbeit sowohl bei der Verifizierung als auch bei der Quantifizierung von Aussagen verdeutlichte die Praxisnähe des Instrumentariums.

3.4 Ressourcenorientierte Bewertung

Anstrengungen zur Kostenreduzierung im gesamten Unternehmen setzen eine differenzierte, produkt- und prozeßabhängige Kostenerfassung in sämtlichen Unternehmensbereichen voraus. Erklärtes Ziel ist es, Kostentransparenz auch in den indirekten Leistungsbereichen zu schaffen, eine verursachungsgerechte Verrechnung von Dienstleistungen im Rahmen der Produktkalkulation zu ermöglichen und nicht zuletzt mit Hilfe einer verbesserten Gemeinkostenplanung und -kontrolle Potentiale zur rationellen Nutzung vorhandener Ressourcen aufzuzeigen. Vor diesem Hintergrund wird mit der am WZL entwickelten Kombination einer umfassenden prozeßorientierten Analyse der Auftragsabwicklung und dem sog. Ressourcenverfahren eine systematische Methode aufgezeigt, um eine hohe Kostentransparenz zu erreichen. Die prozeßorientierte Ressourcen- und Kostenanalyse sollte alle an der Auftragsabwicklung beteiligten Unternehmensprozesse umfassen.

Der Werteverzehr durch die Transformationsprozesse wird mit Hilfe des Ressourcenmodells beschrieben (Bild 3.37). Das Ressourcenmodell dient zur umfassenden Bewertung der Geschäftsprozesse hinsichtlich der Zielgrößen Durchlaufzeit, Kosten und Qualität. Dabei werden grundsätzlich die Unternehmensressourcen (Produktionsfaktoren) Personal, EDV, Betriebsmittel, Gebäude, Kapital und Material sowie Information und Zeit unter-

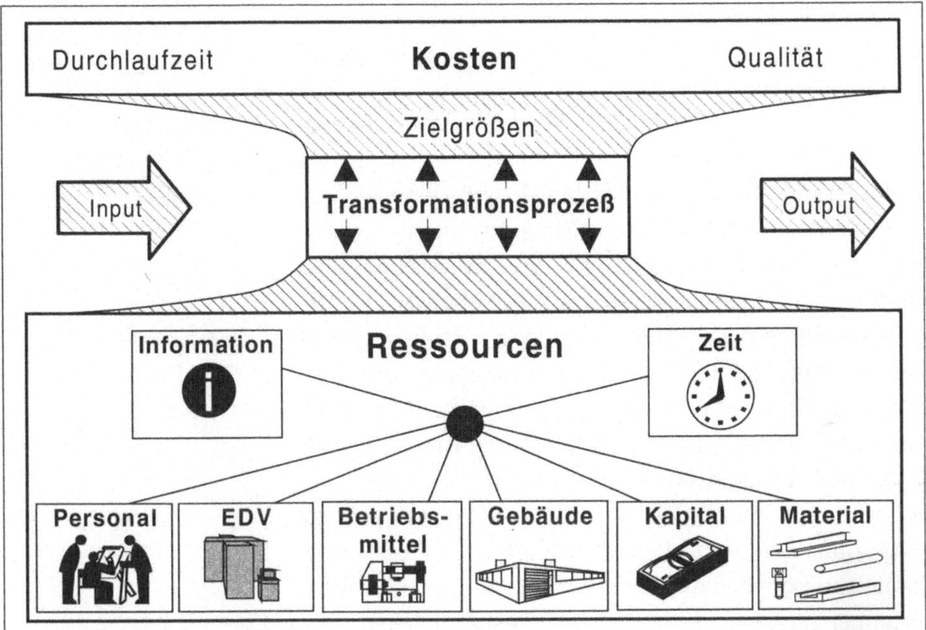

Bild 3.37: Das Ressourcenmodell

schieden. Die unterschiedliche Kombination dieser Ressourcen bestimmt die Ausprägungen der drei Zielgrößen eines Transformationsprozesses. So kann beispielsweise durch einen erhöhten Einsatz der Ressourcen Personal und Betriebsmittel in Kombination mit der Zeit die Durchlaufzeit gesenkt und die Qualität erhöht werden. Die Kosten, die in dem Transformationsprozeß verursacht werden, steigen dadurch zwangsläufig.

• Ressourcentreiber bestimmen den Werteverzehr

Das Ressourcenverfahren zielt darauf ab, den Werteverzehr der zu betrachtenden Geschäftsprozesse in Abhängigkeit von Ressourcentreibern zu beschreiben, (Bild 3.38). Ressourcentreiber sind in der Regel technisch-organisatorische Produktparameter. Sie sind in allen Unternehmensbereichen differenziert zu ermitteln. Dies bedeutet, daß für die relevanten Prozesse der Auftragsabwicklung kostenbeeinflussende Parameter zu erfassen sind.

Die Verbrauchsfunktion wird anschließend mit dem jeweiligen Kostensatz der Unternehmensressource zu einer Kostenfunktion verknüpft [Ev 93c]. Die Verbrauchsfunktion bildet also den technischen, die Kostenfunktion den monetären Zusammenhang ab. Die Verbrauchsfunktion bleibt solange gültig, wie sich der Prozeß nicht ändert [Kmp 92]. Die Kostenfunktion muß zumindest einmal jährlich aktualisiert werden.

Über die Möglichkeiten der Prozeßkostenrechnung [Gla 92, Män 93, Coe 91] hinausgehend werden bei der ressourcenorientierten Produktbewertung demnach die Kosten einer Tätigkeit (Prozeßkosten) nicht einfach durch die Prozeßmenge geteilt, um wiederum einen undifferenzierten Prozeßkostensatz zu erhalten, der die kostenbeeinflussenden Unterschiede der Produkte nicht berücksichtigt [Ev 93b]. Vielmehr ermöglicht das Ressourcenverfahren die genaue und differenzierte Abbildung des Werteverzehrs durch kostenrelevante Parameter, die dem Produkt direkt zugeordnet werden können. Die beliebigen funktionalen Relationen zwischen Produktparametern und den verschiedenen Ressourcen ermöglichen die genaue Abbildung der komplexen Wirkzusammenhänge in allen Unternehmensbereichen.

Das Ressourcenmodell ist die Grundlage sowohl für die Ablauf- als auch für die Produktbewertung (Bild 3.39).

• Genaue Abbildung der komplexen Wirkzusammenhänge

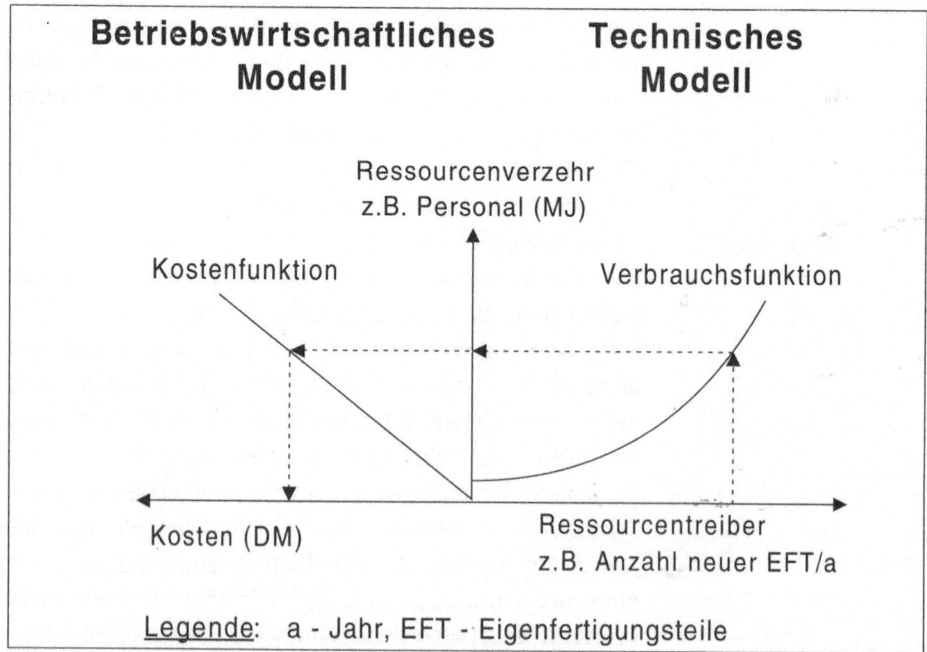

Bild 3.38: Zusammenhang zwischen Technik und Betriebswirtschaft

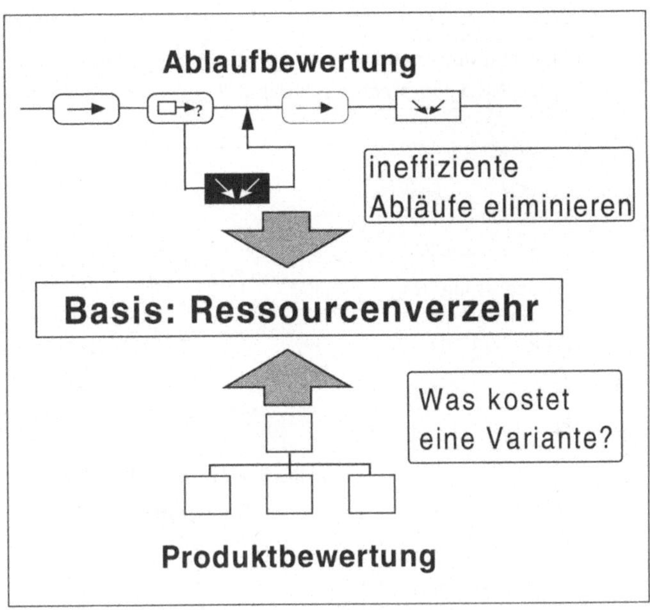

Bild 3.39: Ablauf- und Produktbewertung mit dem Ressourcenmodell

Einer prozeßorientierten Unternehmensanalyse schließt sich die Phase der Quantifizierung des Werteverzehrs der Unternehmensprozesse an.

Die geplanten Kosten sowie der Verzehr der Unternehmensressourcen werden für jeden Prozeß aufgenommen. Dies ermöglicht die Ermittlung von Kostensätzen für sämtliche kostenverursachende Prozesse. Kosten indirekter Tätigkeiten, die bisher über Zuschlagssätze verrechnet wurden, können nun differenziert für die einzelnen Ressourcen ausgewiesen werden.

• Verursachungsgerechte Kostenträgerrechnung

Um eine verursachungsgerechte Kostenträgerrechnung zu ermöglichen, muß ein Zusammenhang zwischen den sog. Ressourcentreibern und dem Ressourcenverzehr hergestellt werden (Bild 3.40); d. h. die Verbrauchsfunktion muß aufgebaut werden. Eine in die Produktentwicklung integrierte Vorkalkulation muß auf die hier vorliegenden technischen Produkt- und Auftragsparameter zurückgreifen können, um die Kosten technisch möglicher Alternativen zu berechnen. Mit Hilfe dieser Parameter (Ressourcentreiber) ist schon zu Beginn der Entwicklung eine fundierte Bewertung der Produktkosten möglich.

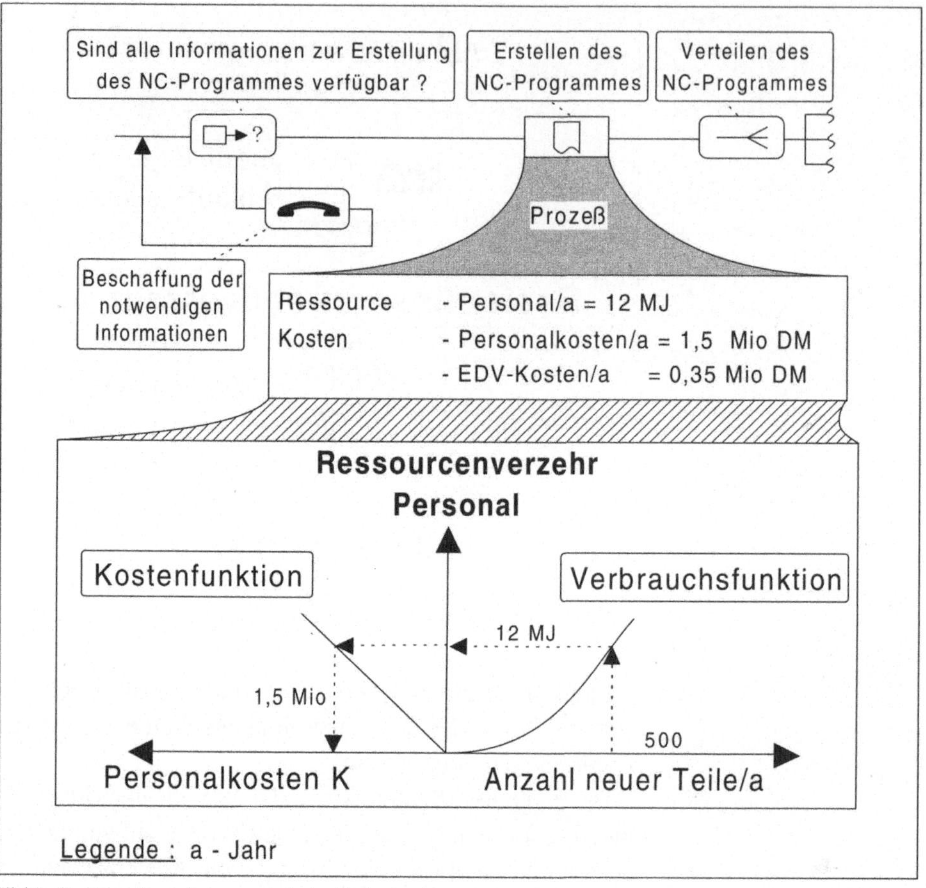

Bild 3.40: Prozeß- und ressourcenorientierte Analyse

Die technischen Kosteneinflußgrößen sind in allen Unternehmensbereichen differenziert zu ermitteln, um die Abhängigkeiten zwischen Produkt- und Prozeßparametern aufzuzeigen. Grundsätzlich bedeutet dies, daß für alle relevanten Prozesse der Auftragsabwicklung die kostenbeeinflussenden Produktparameter zu erfassen sind. Nur so ist eine differenzierte Verrechnung der Gemeinkosten möglich.

3.5 Ressourcenorientierte Bewertung in der Praxis

3.5.1 Ablaufbewertung

3.5.1.1 Anlagenbau

Dieses Fallbeispiel basiert auf einer Untersuchung in einem mittelständischen Unternehmen des Anlagenbaus, das seine komplexen Maschinen weltweit exportiert.
Die Abläufe der Auftragsabwicklung wurden zunächst in einem Prozeßplan dokumentiert. Die für die Prozeßanalyse relevanten Bereiche wurden dazu in Zusammenarbeit mit der Geschäftsleitung ausgegrenzt.

Neben der im Kap. 3.3 bereits ausführlich behandelten Durchlaufzeitbestimmung soll hier ferner die prozeßelementspezifische Kostenermittlung veranschaulicht werden. Allen Prozessen des Prozeßplans wurden in Zusammenarbeit mit der Kostenrechnungsabteilung die Kostensätze zugeordnet. Dabei wurden die entscheidungsrelevanten Kosten für Betriebsmittel, Personal und Material berücksichtigt, da sie durch eine Reorganisation der Auftragsabwicklung beeinflußbar sind. Die Betriebsmittel- und Personalkostensätze wurden aus den jeweiligen Gesamtkosten und Einsatzzeiten - jeweils bezogen auf ein Jahr - ermittelt. Durch Multiplikation und anschließende Addition der Kostensätze mit der jeweiligen Prozeßzeit ergab sich der Prozeßkostensatz [Mls 92] (Bild 3.41).

Das ausgegrenzte Reorganisationssegment I bildet die gesamte innerbetriebliche Auftragsabwicklung nach der Umwandlung des Angebotes in einen Auftrag bis zum Versand ab. Es wies ein hohes Durchlaufzeitpotential aus und beinhaltete zahlreiche Warte- und Liegezeiten in Form von Koppelelementen. Als Reorganisationsmaßnahme zur Durchlaufzeitverkürzung sollte überprüft werden, welche Auswirkungen eine Reduzierung der Warte- und Liegezeiten um 50 % in den Koppelelementen hat (Bild 3.42). Diese Maßnahmen könnten organisatorisch beispielsweise durch die Einführung einer übergeordneten Auftragsleitstelle realisiert werden, deren einzige Aufgabe im vorliegenden Fall das kontrollierte Weiterleiten der Aufträge aus den Koppelelementen beinhaltete.

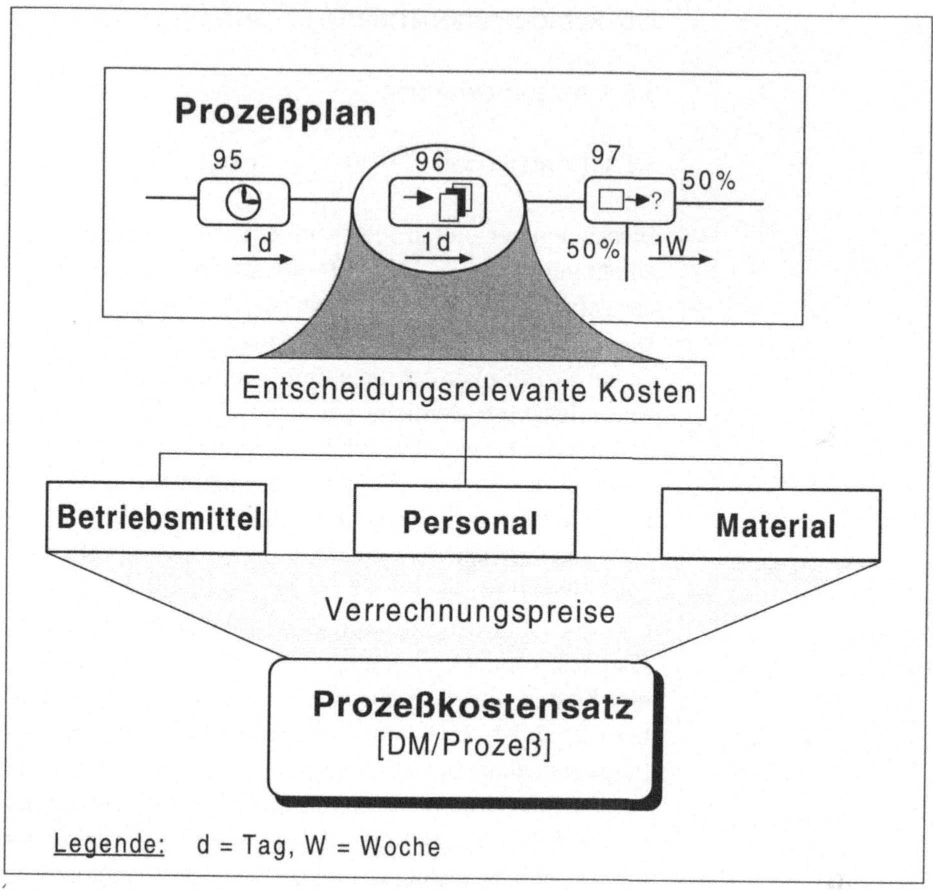

Bild 3.41: Bestimmung der Prozeßelementkostensätze [Mls 92]

Die durch die prozeßelementorientierte Abbildung ermöglichte Untersuchung dieser Maßnahme wies eine Durchlaufzeitreduzierung um 18 Tage (6 %) auf. Der Anteil der direkten, also wertschöpfenden Prozesse konnte um 3 auf 45 % gesteigert werden.

Das zweite, detailliert untersuchte Segment stellte eine Teilmenge des ersten dar. Es beinhaltete die Prozesse von der Einplanung der Fertigungsaufträge bis zur Fertigmeldung der Eigenfertigungsteile. Das hohe Durchlaufzeitpotential des zweiten Segmentes wurde wesentlich durch die nachträgliche Beschaffung fehlender Materialien verursacht.

Es sollte überprüft werden, inwieweit sich eine Durchlaufzeitreduzierung durch eine verbesserte Verfügbarkeit

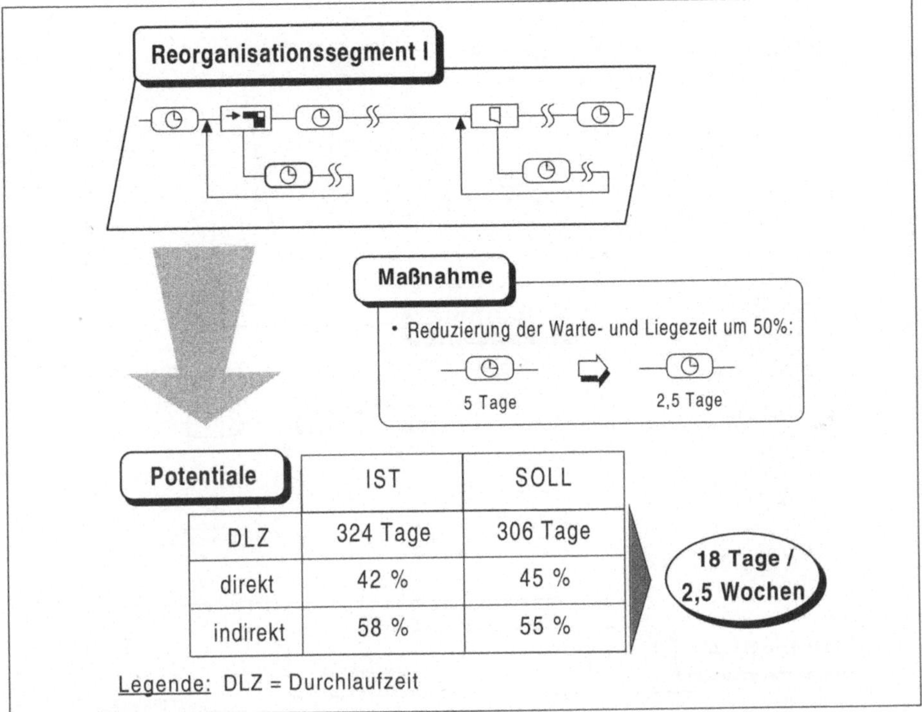

Bild 3.42: Reorganisationssegment I [Mls 92]

• Durchlaufzeitreduzierung durch verbesserte Informationsaufbereitung

der Materialien von derzeit 50 auf 75% erzielen läßt (Bild 3.43). Diese Fehlteilreduzierung um 50% konnte realistischen Annahmen zufolge durch eine sorgfältigere Aufbereitung der Stücklisten in einem vorgelagerten Prozeß erreicht werden. Dies entsprach einer Verlängerung der Aufbereitungsdauer von 4 auf 5 Tage (25%). Die Berechnung der Soll-Durchlaufzeit ergab eine Reduzierung um 27 Tage (36%). Bezogen auf das größere Segment I und unter Berücksichtigung der eintägigen Verlängerung der Stücklistenaufbereitung ergab sich durch die Liegezeithalbierung ein Durchlaufzeitpotential von 26 Tagen (8%) [Mls 92].

Um den eigentlichen Rationalisierungseffekt für das Unternehmen näher spezifizieren zu können, wurden im zweiten Schritt der Datenaufnahme die Prozeßelementkostensätze ermittelt. Hierzu wurden die Prozeßelemente als Kostenträger betrachtet, denen die entscheidungsrelevanten Kosten (Betriebsmittel, Personal, Material) zugeordnet wurden. Die mittleren Prozeßelementkosten erga-

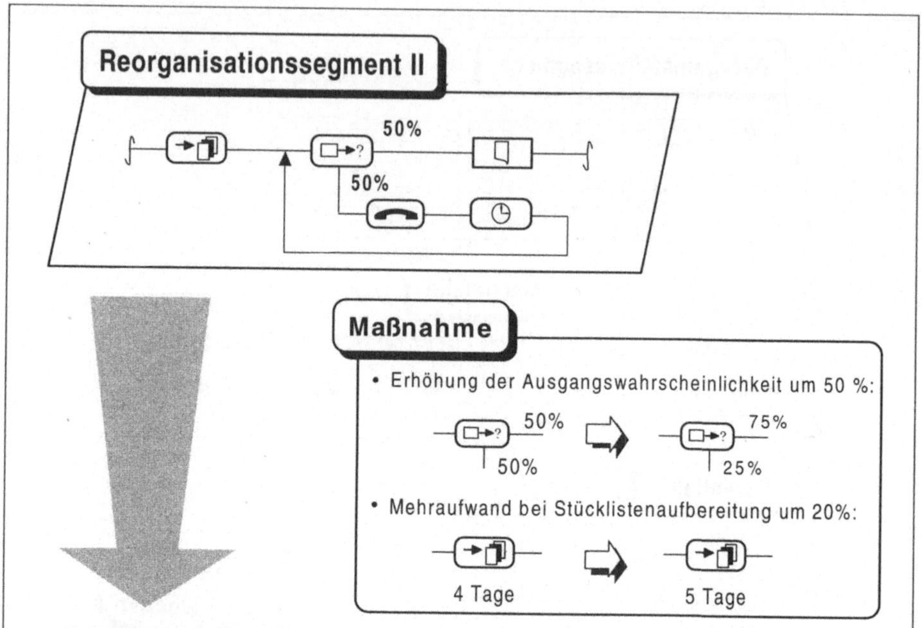

Potentiale		IST	SOLL
RS II	DLZ	76 Tage	49 Tage
	Kosten	87 910 DM	87 577 DM
RS I	DLZ	324 Tage	298 Tage
	Kosten	696 784 DM	696 451 DM

RS II: 27 Tage / 5,4 Wochen

RS I: 26 Tage / 5, 2 Wochen

Legende: RS = Reorganisationssegment

Bild 3.43: Reorganisationssegment II [Mls 92]

ben sich dabei aus dem Quotienten der Prozeßgesamtkosten und der Gesamtauftragszahl. Die Prozeßgesamtkosten wurden jeweils für die eingesetzten Ressourcen getrennt berechnet, da ihre Nutzungszeiten je Prozeß nicht identisch waren.

Zusammen mit der Rechnungsabteilung wurden die Kostensätze für die eingesetzten Betriebsmittel, das durchführende Personal sowie das jeweils benötigte Material erfaßt. Die Kosten für die Betriebsmittel und das Personal ergaben sich aus den jährlichen Gesamtkosten und der Gesamteinsatzzeit pro Jahr. Dies ergab zunächst die ressourcenspezifischen, jedoch prozeßelementunabhängigen Kostensätze in der Dimension Kosten pro Zeiteinheit [Mls 92].

Die auf diese Weise bestimmten Kostensätze wurden dann in einem weiteren Schritt für jedes Prozeßelement durch Berücksichtigung der Nutzungszeiten der einzelnen Ressourcen zu prozeßelementspezifischen Kostensätzen umgerechnet. Durch Addition der Kostensätze entsprechend der einem Prozeßelement zugeordneten Ressourcen ergaben sich schließlich die Kostensätze je Prozeß. Sie stellten die Basis zur Berechnung der Kosten für die Reorganisationssegmente dar.

Auf der Grundlage der für die Prozeßelementmethode gültigen Berechnungsformeln konnten die Kosten pro Auftrag für das zweite Reorganisationssegment detailliert beziffert werden (siehe Bild 3.43). Die Kosten für das zweite Segment waren, da es sich dabei um einen Ausschnitt aus dem ersten Reorganisationssegment der Auftragsabwicklung handelte, deutlich geringer.

Während die Durchlaufzeiten zwischen den Ist- und Soll-Zuständen innerhalb der einzelnen Segmente stark differierten, blieben die Kosten nahezu unverändert. Für das zweite Segment wurde bereits im Vorfeld der Untersuchungen eine nur geringe Kostendifferenz erwartet; konnten doch die zusätzlichen Aufwände und die erzielbaren Effekte relativ gut abgeschätzt werden.

Bezüglich des ersten Segmentes war eine seriöse Aussage bezüglich der Kostenveränderung vor der Analyse nicht möglich. Zu komplex waren die Wechselwirkungen, die sich aus der Reorganisationsmaßnahme ergaben. Erst durch die beschriebenen Berechnungsverfahren konnten die unterschiedlichen Kostenanteile detailliert ermittelt werden. Hier stellte die angewandte Methode ein wesentliches Hilfsmittel zur Bewertung einer Reorganisationsmaßnahme „a priori" dar.

Eine Verknüpfung beider Reorganisationsmaßnahmen führte zu einem Rationalisierungspotential von insgesamt 44 Tagen (14%). Zusätzliche Kosten entstanden durch keine der gewählten Maßnahmen. In beiden Fällen konnten im Gegenteil noch geringfügige Einsparungen erzielt werden [Mls 92].

Man erkennt an den beiden Beispielen, daß sich durch den Einsatz der prozeßorientierten Reorganisationsmethode mögliche Maßnahmen schon auf Prozeßplanebene genau spezifizieren und bewerten lassen. Das Potential läßt sich nicht nur an einzelnen Abläufen identifizieren, sondern es sind exakt die Prozesse erkennbar, die im Rahmen einer Reorganisationsumsetzung zu verbessern sind. Man erhält die Zielvorgaben, anhand derer überprüft werden kann, inwieweit mögliche Maßnahmen auch den gewünschten Effekt erzielen.

Über die genaue Beschreibung der einzelnen Maßnahmen hinaus werden auch die bereichsübergreifenden Auswirkungen abbildbar und bewertbar. Entscheidungen über mögliche Reorganisationsmaßnahmen oder -alternativen können somit immer in bezug auf das angestrebte Gesamtoptimum der Auftragsabwicklung getroffen werden.

3.5.1.2 Anwendung im Maschinenbau

Ziel der bei einem mittelständischen Hersteller komplexer Werkzeugmaschinen durchgeführten Untersuchung war die Quantifizierung und Bewertung der zur Herstellung einer Walzenschleifmaschine notwendigen Montageabläufe. Aus der Darstellung der Ist-Situation waren Schwachstellen und Rationalisierungspotentiale abzuleiten. Schwachstellen und daraus resultierende Maßnahmen zur Erschließung des vorhandenen Potentials wurden mit Hilfe des Ressourcenverfahrens bewertet.

Im ersten Schritt wurde die Auftragsabwicklung in der Montage durch einen Prozeßplan abgebildet. Die Quantifizierung der so ermittelten Prozesse erfolgte im zweiten Schritt. Dazu wurden die zur Durchführung eines Prozesses benötigten Ressourcen, wie Personal, Betriebsmittel etc., systematisch mit Hilfe eines Erfassungsbogens aufgenommen. Parallel dazu wurde der durch Störungen verursachte zusätzliche Ressourcenverzehr miterfaßt.

Die für den einzelnen Prozeß aufgenommenen Daten konnten mit Hilfe eines Tabellenkalkulationsprogrammes im dritten Schritt für den gesamten Montageablauf – von der Montagevorbereitung bis hin zur abschließen-

den Demontage und Verpackung – ausgewertet und aufbereitet werden.

Zur Beschreibung der vorliegenden Situation wurden im letzten Schritt Zeit- und Kostenkennwerte für den Ist- und Ideal-Ablauf gegenübergestellt. Der Ideal-Ablauf ist dem ungestörten Ablauf gleichzusetzen, während der Ist-Ablauf die durch Störungen bedingten, zusätzlich zu durchlaufenden Prozesse mitberücksichtigt (Bild 3.44).

Die bei der Analyse der Montage einer Maschine festgestellten Zeit- und Kostenpotentiale deckten noch keine gravierenden Schwachstellen auf (vgl. Bild 3.44). Die Tatsache, daß von diesem Typ durchschnittlich jedoch 30 Maschinen im Jahr gebaut werden, lassen das Gesamtpotential erkennen. So verursachten alle Montagestörungen im letzten Jahr schätzungsweise 1 Mio. DM an zusätzlichen Kosten. Die störungsbedingte Durchlaufzeitverlängerung hätte ausgereicht, um drei weitere Maschinen in dieser Zeit zu montieren.

		Soll	Ist	Potential
Ressourcenkosten	Personal	356.711 DM	384.739 DM	**28.028 DM**
	Betriebs-mittel	51.219 DM	51.921 DM	**702 DM**
	Fläche	79.812 DM	80.473 DM	**661 DM**
	Kapital-bindung	30.038 DM	34.970 DM	**4.932 DM**
Gesamt	Kosten	517.780 DM	552.103 DM	**34.323 DM**
	DLZ	139 Tage	155,2 Tage	**16,2 Tage**

Bild 3.44: Ressourcenverzehr der Montage einer Walzenschleifmaschine

Die durch das Ressourcenverfahren geschaffene Datenbasis bietet über die Gesamtbewertung hinaus die Ausgangsbasis für weitergehende Analysen. So konnten in diesem Fall die Anteile der einzelnen Störungen im Bereich der Montage detailliert analysiert werden. Neben technischen Störungen, die vorwiegend bei Probeläufen und Inbetriebnahmen auftraten, führten vor allem Materialstörungen mit einem Anteil von fast 40 % am Gesamtstörungsaufkommen zu zusätzlichen Kosten und Durchlaufzeitverlängerungen.

Die Materialstörungen ließen sich im wesentlichen auf eine Hauptursache zurückführen. In Gesprächen mit Mitarbeitern „vor Ort", die mit der Behebung dieser Störungen befaßt waren, wurde festgestellt, daß Auslastungsspitzen in der mechanischen Fertigung dazu führten, daß ein großer Anteil des Materials nicht termingerecht bereitgestellt werden konnte (Bild 3.45).

Bei der Erarbeitung von Möglichkeiten zur Behebung von Materialstörungen wurden drei Maßnahmen ermittelt, die nachfolgend diskutiert werden.

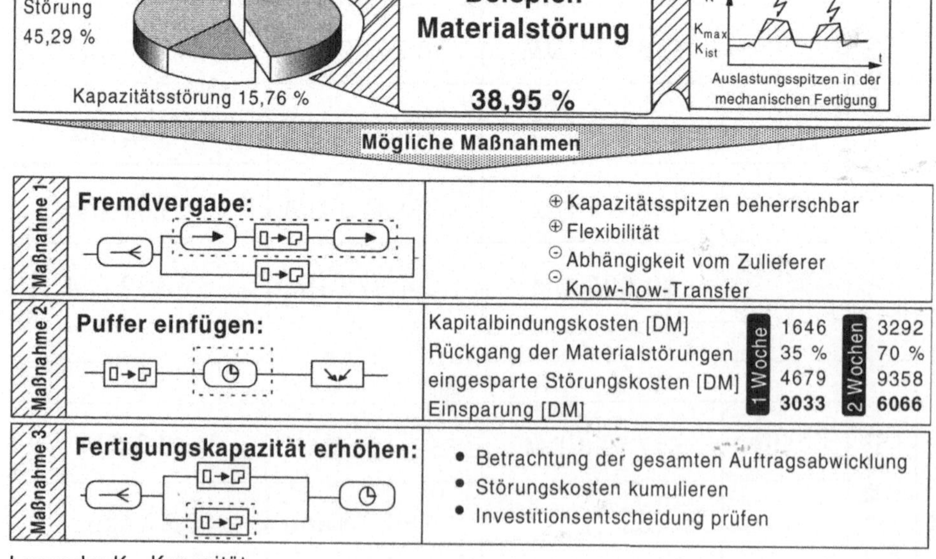

Bild 3.45: Mögliche Maßnahmen zur Behebung von Materialstörungen in der Montage

• Maßnahme: Frühere
Teilebereitstellung

• Maßnahme:
Fremdvergabe

• Maßnahme:
Kapazitäts-
erweiterung

Die Einfügung eines Puffers vor Beginn der Endmontage in Form einer früheren Teilebereitstellung ist eine mögliche Maßnahme zur Reduzierung von Montagestörungen. Nach Aussagen der beteiligten Mitarbeiter des Unternehmens kann davon ausgegangen werden, daß ein einwöchiger Puffer vor Beginn der Endmontage das fehlteilbedingte Störungsaufkommen um 35% reduziert. Dies würde beim betrachteten Auftrag dazu führen, daß die störungsbedingten Kosten um rund DM 4.700 sinken, da nun z. B. Monteur und Meister seltener als „Fehlteilsucher" agieren müßten. Dem stehen jedoch zusätzliche Kapitalbindungskosten in Höhe von fast DM 1.700 durch die erforderliche Einlagerung von Material gegenüber. Insgesamt würde sich durch diese Maßnahme eine Einsparung von rund DM 3.000 ergeben. Die Bewertung einer zweiwöchigen Pufferzeit erfolgte analog.

Die Fremdvergabe von Fertigungsaufträgen stellt eine weitere mögliche Maßnahme zur Reduzierung des Störungsaufkommens in der Montage dar. An dieser Stelle sei jedoch nicht auf die grundsätzlichen Vor- und Nachteile einer Fremdvergabe eingegangen (vgl. hierzu Kap. 3.7.3). Es soll jedoch nicht unerwähnt bleiben, daß mit Hilfe der Prozeßanalyse und dem Ressourcenverfahren die durch die Fremdvergabe zusätzlich erforderlichen Koordinations- und Transportvorgänge dargestellt und quantifiziert werden können.

Mit der dritten Maßnahme soll abschließend ein Weg aufgezeigt werden, den Kern des Problems, also den Kapazitätsengpaß in der mechanischen Fertigung, zu beheben. Durch die Anschaffung eines zusätzlichen Bearbeitungszentrums kann die fehlende Fertigungskapazität geschaffen werden. In der hierzu notwendigen Investitionsrechnung wurden die Anschaffungskosten sowie die Kosten für Inbetriebnahme, Schulung etc. den mit der Reduzierung von Störungen verbundenen Einsparungen in der Montage gegenübergestellt. Dazu waren zunächst die für den analysierten Auftrag durch Fehlteile verursachten Störungskosten für die jährliche Gesamtauftragsabwicklung zu errechnen. Die im Produktspektrum des Unternehmens enthaltenen verschiedenen Maschinentypen konnten dabei über Korrekturfaktoren berücksichtigt werden. Die gewonnene Ablauf- und Kostentransparenz trug damit auch zur Unterstützung von Investitionsentscheidungen bei.

Die Beurteilung einer Auftragsabwicklung im ausschließlichen Hinblick auf störungsbedingte Kosten kann zu Fehleinschätzungen und zum Übersehen von Schwachstellen führen. Daher sollte auch die Untersuchung derjenigen Ressourcen nicht vernachlässigt werden, die scheinbar nur ein geringes Potential aufweisen (vgl. Bild 3.44).

Bei der detaillierten Untersuchung der einzelnen Montageressourcen des Beispielunternehmens fiel besonders die Ressource „Fläche" auf, da sie im Vergleich zu den anderen Ressourcen in ihrer Verfügbarkeit und Austauschbarkeit sehr begrenzt ist und zu Montagebeginn zumindest in Form einer Grundfläche für die Vormontage bereitstehen muß. Ist die Fläche bei Montagebeginn noch durch den vorhergehenden Auftrag blockiert, wird die Abwicklung der gesamten Prozeßkette verhindert, da ein Ausweichen auf andere Flächen in der untersuchten Endmontage nicht möglich war. Die Untersuchung der Abläufe anhand des aufgenommenen Prozeßplans ergab dabei folgendes:

Der Montagebeginn wird im hier betrachteten Unternehmen durch das Auflegen der Maschinenbetten bestimmt. Die Auswirkungen einer „Flächenstörung" zu diesem Zeitpunkt ließen sich teilweise schon durch eine gezielte Analyse der aufgenommenen Daten monetär erfassen. Durch die zum Montagebeginn bereitgestellten Teile wurde eine Kapitalbindung von etwa 235 DM pro Tag verursacht. Dieser Wert erhöhte sich bei längerer Störungsdauer, da aus der Fertigung sowie von Zulieferern der Montage weitere Teile zugeführt wurden. Konnte das für den gestörten Auftrag eingesetzte Personal nicht anderweitig beschäftigt werden, waren auch die so entstandenen Personalaufwendungen den Störungskosten zuzuordnen. Darüber hinaus besteht die Gefahr, daß durch den verzögerten Montagestart der Endtermin nicht eingehalten werden kann. Konventionalstrafen und im Wiederholungsfall Imageverluste können die Folge sein.

Durch eine Analyse der für die betrachteten Montageprozesse notwendigen Betriebsmittel wurde ein Probe-

• Bewertung
von alternativen
Montageabläufen

stand ermittelt, auf dem normalerweise nur zu Prüfzwecken gearbeitet wird. Dieser Probestand bietet wie die Maschinenbetten die Möglichkeit zum Anbau weiterer Hauptbaugruppen, so daß die Montage hier bis zu einem bestimmten Fortschrittsstand durchgeführt werden kann. Eine Untersuchung der Auslastung des Probestandes ergab, daß es durchaus möglich ist, diesen zeitweilig durch reine Montagevorgänge zu belegen.

Anhand dieser Überlegungen wurde für die Montage von Hauptbaugruppen auf dem Probestand mit Hilfe des Prozeßplans ein alternativer Ablauf entwickelt und abgebildet. Die erforderlichen zusätzlichen Maßnahmen wie Transport, Koordination und Entscheidung wurden als indirekte Prozesse hinzugefügt und quantifiziert. Die hier geschilderte Maßnahme konnte mit nur geringem Aufwand aus den bestehenden Analysedaten abgeleitet und bewertet werden (Bild 3.46). Die Umsetzung der vorgeschlagenen Alternative erfordert keinen nennenswerten weiteren Ressourcenaufwand in der Montage.

Die Optimierung verzweigter Abläufe im Hinblick auf die Reduzierung von Liegezeiten bildete den letzten Ana-

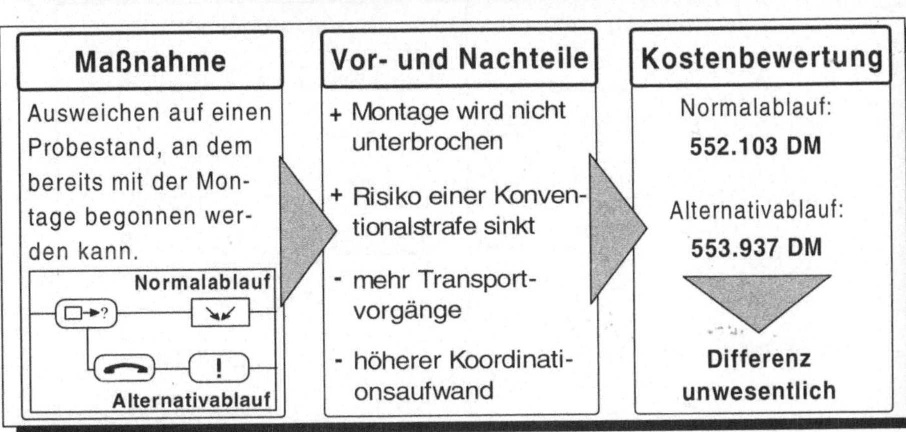

Bild 3.46: Bewertung eines Alternativablaufes

lyseschwerpunkt in dem vorgestellten Projekt. Hier kam es bei der Zusammenführung parallelisierter Prozesse zu Wartezeiten, weil die Terminierung nicht aufeinander abgestimmt war. Liegezeiten mit entsprechendem Ressourcenverzehr und eine Verlängerung der Durchlaufzeit waren die Folgen.

Zur Ableitung entsprechender Maßnahmen wurde zunächst für den Prozeßplan der „kritische und damit durchlaufzeitbestimmende Pfad" festgelegt. Eine detailliertere Untersuchung ergab einen Handlungsbedarf für zwei Verzweigungen (Bild 3.47).

Die Differenzen ließen sich in beiden Fällen auf jeweils ein Prozeßelement zurückführen, wobei die Ursachen unterschiedlich waren. Für Verzweigung I war dies Element 400 mit einer Durchlaufzeit von 21,4 Tagen, die durch einen hohen Anteil zeitintensiver Materialstörungen verursacht wurde. Bei Verzweigung II hatte offensichtlich der sehr komplexe Montagevorgang in Element 369 eine Durchlaufzeit von 43,5 Tagen zur Folge. Störun-

- Untersuchung paralleler Abläufe

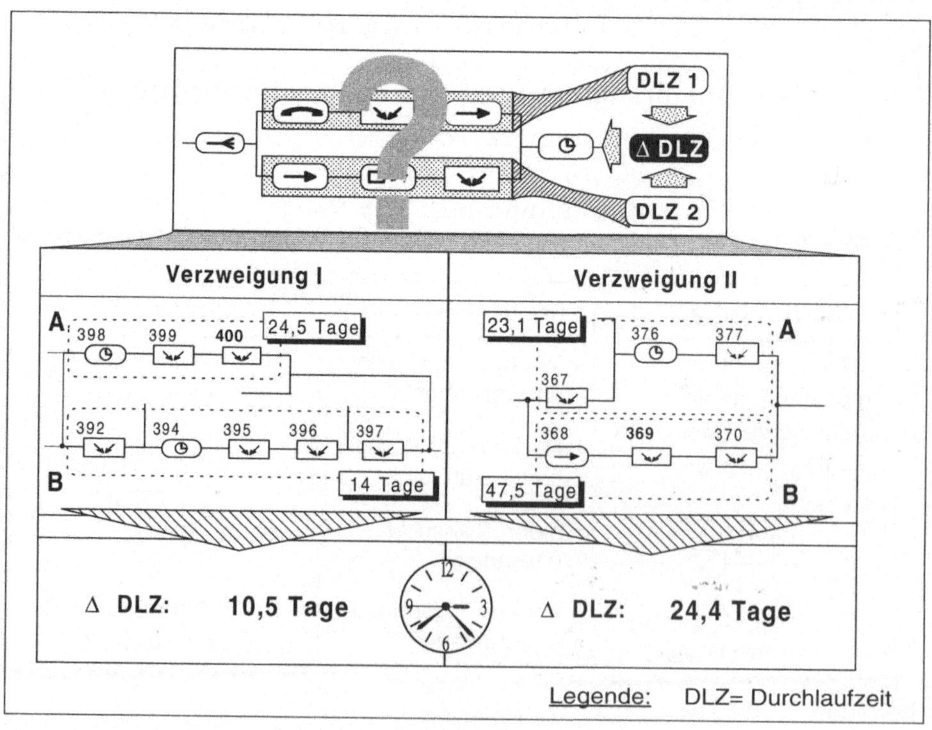

Bild 3.47 Ergebnisse der Untersuchung paralleler Abläufe

gen bewirkten hier keinen gravierenden Zeitverzug, sodaß der „normale" Montagevorgang zu hinterfragen war.

Bei Element 400 führte eine in 90% aller Fälle auftretende Materialstörung zu einer um 18 Tage verlängerten Durchlaufzeit gegenüber dem ungestörten Ablauf. Selbst eine nicht vollständige Behebung der Materialstörungen würde zu einer Beseitigung der ermittelten Durchlaufzeitdifferenz von 10,5 Tagen führen. Notwendige Maßnahmen zur Verbesserung der Fehlteilsituation wurden bereits diskutiert (vgl. Bild 3.45).

Bei Element 369 handelte es sich um die komplexe Montage einer Meßeinrichtung, bei der neben der mechanischen und elektrischen Montage auch Anpaß- und Justierarbeiten im Vordergrund standen. Zur Verkürzung des weitgehend ungestört ablaufenden Prozesses bot sich grundsätzlich die Möglichkeit der Parallelisierung der einzelnen Tätigkeiten an.

Die Aufsplittung des Vorgangs in gleichzeitig zu bearbeitende Teilvorgänge erwies sich hier jedoch als schwierig. Zum einen bestanden technologische Restriktionen. So konnte nicht gleichzeitig die Kabelführung gelegt und die Kabel installiert werden. Zum anderen stand nicht ausreichend Fläche für den Einsatz mehrerer Monteure zur Verfügung. Die Erschließung des hohen Durchlaufzeitpotentials von 24 Tagen konnte in diesem Fall daher nur durch konstruktive Änderungen an der Hauptbaugruppe erschlossen werden, die somit eine Änderung der technologischen Montagereihenfolge ermöglichten. Hierbei mußte gewährleistet sein, daß die in ihrem Aufbau geänderte Hauptbaugruppe sich aus unabhängigen Baugruppen montieren ließ, die separat und parallel zum „kritischen Pfad" vormontiert und geprüft werden konnten. Die hierdurch entstehenden zusätzlichen Konstruktionsaufwände konnten den Einsparungen bei Kapitalbindungskosten in Höhe von DM 250 pro Tag gegenübergestellt werden.

Das letzte Beispiel hat gezeigt, daß der hier verfolgte Ansatz auch bei der Aufdeckung von Zeit- und Kostenpotentialen innerhalb „ungestörter" Prozesse Unterstützung bietet.

Die beschriebene Untersuchung hat bestätigt, daß die Methode der Prozeßanalyse in Verbindung mit dem Ressourcenansatz zur Bewertung von Montageabläufen geeignet ist. Zudem konnte verdeutlicht werden, daß erst durch die Schaffung der notwendigen Ablauftransparenz und Kostentransparenz eine Bewertung der Montageabläufe sowie die Ableitung und Beurteilung geeigneter Rationalisierungsmaßnahmen möglich ist.

3.5.2 Verursachungsgerechte Vorkalkulation

3.5.2.1 Anwendung bei einem Auftragsfertiger

Die beschriebene Methode zur verursachungsgerechten Produktbewertung wurde bei einem Einzel- und Kleinserienfertiger angewendet, der auftragsbezogen Blechbauteile und -baugruppen produziert [Kmp 94]. Auf Basis einer Prozeßanalyse konnte ein prozeßorientiertes Modell des Unternehmens erarbeitet werden (Bild 3.48). Für die kostenverursachenden Prozesse, die an der Auftragsabwicklung beteiligt sind, wurde die Höhe des Ressourcenverzehrs der definierten Unternehmensressour-

- Ressourcenorientierte Prozeßanalyse

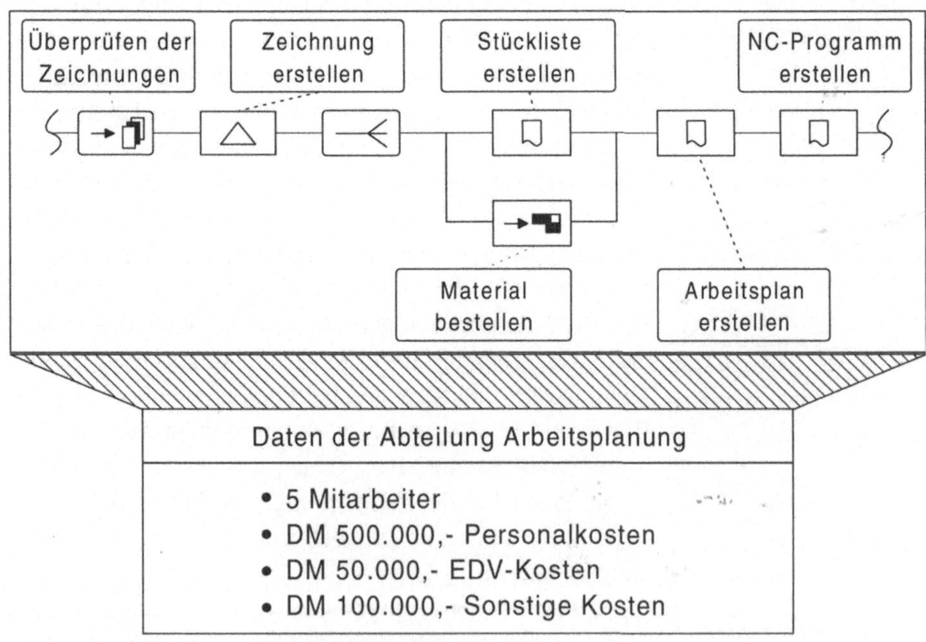

Bild 3.48: Prozeßanalyse - Beispiel Arbeitsplanung -

cen untersucht. Abhängig von der Höhe des Ressourcenverzehrs konnten dann die Kostensätze für die betrachteten Prozesse definiert werden [Ev 94e].

In Interviews mit den verantwortlichen Mitarbeitern der indirekten Abteilungen wurden danach die kostenbestimmenden Produktparameter analysiert und der funktionale Zusammenhang zwischen Produktparameter und Ressourcenverzehr ermittelt. Für die operativen (direkten) Prozesse, z. B. Drehen, Kaltumformen etc., konnte zum Teil auf bereits bekannte Formeln zur Ermittlung des Ressourcenverbrauchs zurückgegriffen werden. Taylor- und Kienzlegleichung ermöglichen z. B. die Zeitermittlung für die einzelnen Drehprozesse auf Grundlage eines Arbeitsplans. Für Kaltumformprozesse mußte dagegen der Zusammenhang zwischen technischen Produktparametern und Bearbeitungszeiten vor Ort ermittelt werden. Für die Prozesse in den indirekten Abteilungen wurden ebenfalls die Zusammenhänge zwischen Werteverzehr und Ressourcentreibern aufgenommen (Bild 3.49).

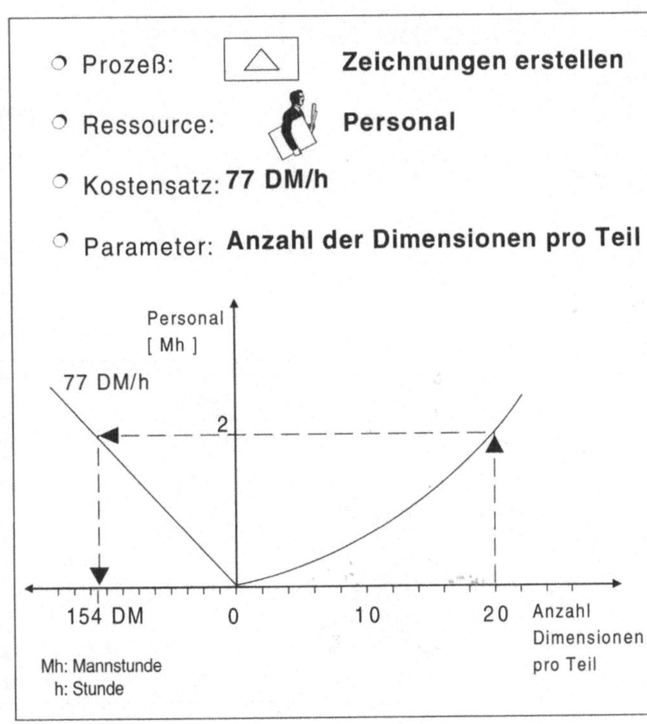

Bild 3.49: Die Verbrauchsfunktion - Beispiel Zeichnung erstellen -

Mit den ermittelten Ergebnissen, d. h. Kostensätzen, Produktparametern und funktionalen Zusammenhängen zwischen Parameter und Ressourcenverzehr, konnten die Verbrauchs- und Kostenfunktionen für alle Prozesse aufgebaut werden. Auf der Basis der Verbrauchs- und Kostenfunktionen der einzelnen Prozesse wurde nun eine verursachungsgerechte Vorkalkulation für die in Bild 3.50 dargestellte Blechbaugruppe durchgeführt und mit den konventionellen Methoden verglichen.

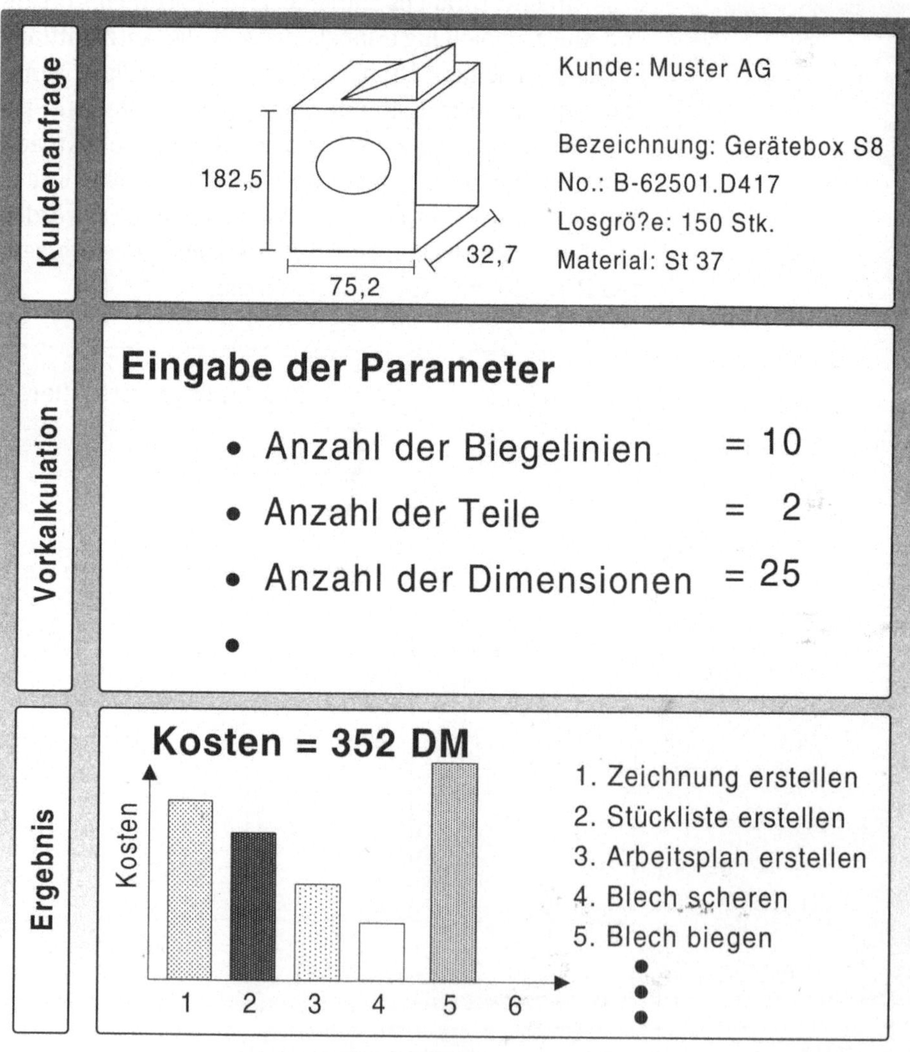

Bild 3.50: Ergebnis einer verursachungsgerechten Vorkalkulation

• Einfache Kostenein-
flußparameter

• Verursachungs-
gerechte Vorkalkula-
tion

Bisher wurden in dem betrachteten Unternehmen ähnliche Aufträge mit Hilfe eines Klassifikationssystems in den abgelegten Unterlagen gesucht und die alten Kosten als Grundlage für eine neue Abschätzung der Kosten herangezogen. Bei grundsätzlich neuen Produkten wurden auf der Basis eines vereinfachten Arbeitsplans die Kosten pro Arbeitsschritt aufgrund der Erfahrung des Angebotserstellers abgeschätzt.

Für die hier entwickelte Methode zur verursachungsgerechten Vorkalkulation wurden im Gegensatz dazu die aus der Unternehmensanalyse bekannten Produkt- und Auftragsparameter abgefragt und aus den Auftragsunterlagen entnommen. Wichtige technische Parameter sind z. B. Anzahl und Länge der Schweißnähte, Anzahl der Biegelinien oder Auftragsparameter, wie Eilauftrag, Vollständigkeit der Unterlagen etc.

Beim Vergleich der verursachungsgerechten Vorkalkulation mit den konventionellen Methoden ergibt sich bei Anwendung der ressourcenorientierten Produktbewertung ein differenzierteres und transparenteres Kostenbild. Erst die verursachungsgerechte Ermittlung der Produktkosten legt die Grundlage für richtige Entscheidungen bezüglich einer Preisermittlung, einer Auftragsannahme oder der monetären Bewertung von Kundensonderwünschen.

3.5.2.2 Anwendung in der Elektronikbranche

Bei dem Beispielunternehmen handelt es sich um den Hersteller von Leiterplatten. Die Produkte werden in Kleinserienproduktion kundenspezifisch hergestellt.

Durch sinkende Gewinnspannen ist das Unternehmen gezwungen, Maßnahmen zur Steigerung der Wettbewerbsfähigkeit zu ergreifen. Neben der Analyse der Abläufe und der Erschließung daraus ableitbarer Rationalisierungspotentiale ist dies eine exaktere, auftragsbezogene Kostenerfassung. Damit wird dem Zwang Rechnung getragen, die Aufträge so preiswert anzubieten, daß der Marktanteil gehalten werden kann, ohne daß Verluste durch zu günstig kalkulierte Aufträge entstehen.

Eine zunehmende Variantenvielfalt führt zu steigenden Gemeinkosten vor allem in den indirekten Unternehmensbereichen. Der den Herstellkosten in der klassischen Zuschlagskalkulation häufig nur auf der Basis von Lohn- und Materialkosten pauschal zugerechnete Gemeinkostenanteil wächst somit stetig an. Die Kostenrechnung wird zunehmend ungenau. Der in Bild 3.51 dargestellte Zusammenhang verdeutlicht die auch bei vielen anderen Unternehmen vorgefundene Situation:

Standardprodukte werden durch undifferenzierte Gemeinkostenzuschläge zu teuer angeboten und für den Kunden zunehmend unattraktiv. Im Falle komplexer Produkte ist eine exakte und sichere Kalkulation der Aufträge aufgrund fehlender Informationen über die wahren Herstellkosten nicht möglich. Eine verursachungsgerechte Preisfindung erfordert neue, diesen Randbedingungen angepaßte Ansätze.

Ziel der Projektarbeit sollte es daher sein, neben der Erschließung von Rationalisierungspotentialen eine exakte Preiskalkulation auf der Grundlage einer verursachungsgerechten Zuordnung von Einzel- und Gemeinkosten zu ermöglichen.

• Problemanalyse

• Ziel des Projektes

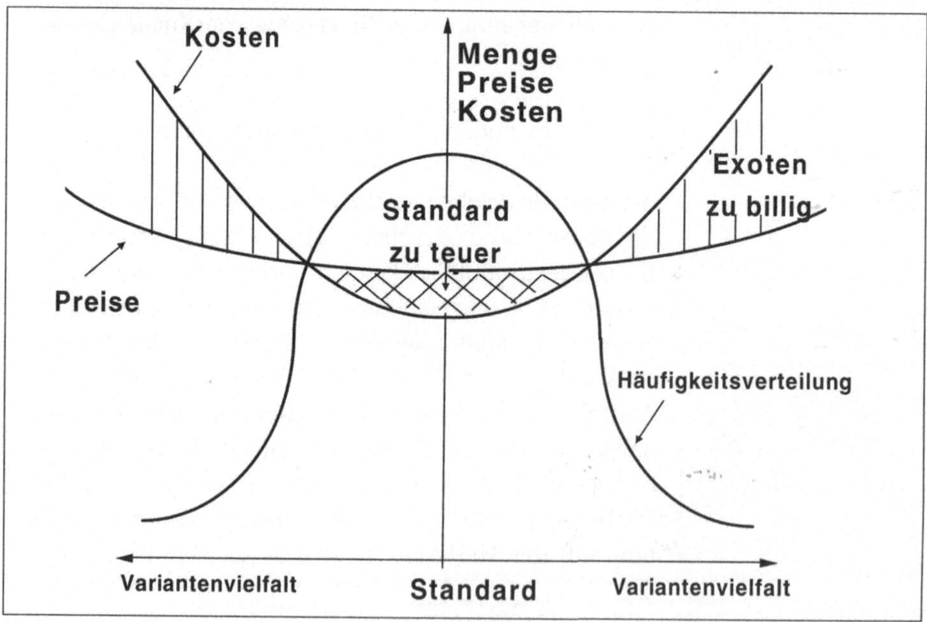

Bild 3.51: Varianten als Profitkiller [Scu 88]

Die Aufgabenstellung im Projekt erforderte eine detaillierte Analyse der Abläufe im Unternehmen und die Erfassung, Auswertung und verursachungsgerechte Verrechnung von Kosten eines repräsentativen Zeitraums. Hierzu wurden zwei am WZL entwickelte Methoden ergänzend eingesetzt. Die vorliegende Darstellung beschränkt sich weitgehend auf die Entwicklung des Kalkulationsverfahrens.

Die technische Auftragsabwicklung des Unternehmens wurde sehr detailliert in einem Prozeßplan dargestellt (Bild 3.52). Die erzielte Transparenz der Abläufe ermöglichte die Identifikation von Schwachstellen sowie die Ableitung und Bewertung von Reorganisationsmaßnahmen im Gesamtzusammenhang der Auftragsabwicklung. So konnten z. B. Voraussetzungen für eine verbesserte

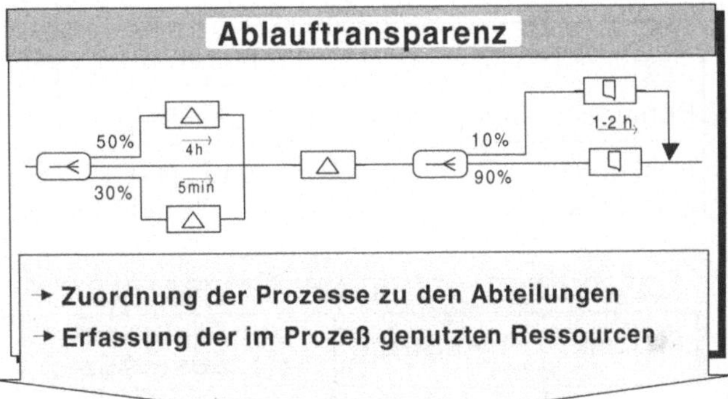

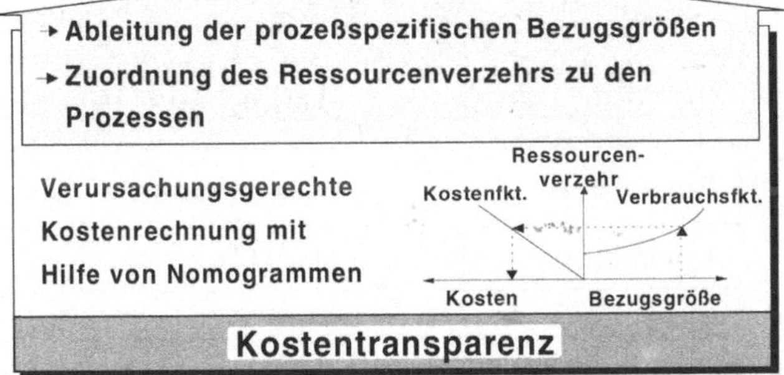

Bild 3.52: Vorgehensweise bei der verursachungsgerechten Kostenzuordnung

Auftragsterminierung erarbeitet und die Anzahl der Bearbeitungsgänge für einzelne Produkte reduziert werden.

Parallel zur Analyse der Abläufe wurden allen Prozessen die genutzten Ressourcen sowie die den Ressourcenverzehr beeinflussenden Produktparameter zugeordnet. Die Aufbereitung der gewonnenen Kostendaten erfolgte bezüglich jeder Abteilung in einem Abteilungsmodell (Bild 3.53), welche in ihrer Gesamtheit das Unternehmensmodell darstellen. Grundlage der Kosten-

Abteilung: Beschichtung

Allgemeine Kenngrößen:

Beschreibung	Wert
Gesamtkosten/ Jahr	1,95 Mio. DM
Personalkosten/ Jahr	0,95 Mio. DM
Anzahl der Mitarbeiter	17 MJ

Spez. Kenngrößen/ Bezugsgrößen:

Beschreibung	Wert
Aufträge/ Jahr	7088
Aufträge AS 73/ Jahr	4100

Ressourcenverzehr der Prozesse:

Prozeß	Ressource	abhängig von Bezugsgröße	Verbrauch
AS 73	4,5 MJ	· Anzahl der Aufträge · Losgröße	0,0007 MJ/ Auftrag
. . .			

Kostensatz	Kosten/ Bezugsgröße
78.000 DM/ MJ	49,32 DM/ Auftrag bei durchschn. Losgröße

Zuschlagssätze für sonstige Kosten:

Parameter	Zuschlagssatz	Begründung
Administration	0,059 MJ/ MJ	

Legende: MJ = Mannjahr

Bild 3.53: Abteilungsmodell - Beispielausschnitt

zuordnung ist dabei die Aufnahme allgemeiner und spezifischer Kenn- bzw. Bezugsgrößen. Zu den allgemeinen Kenngrößen zählen z. B. die jährlichen Personal- und Gesamtkosten sowie die Personalkapazität.

Um den Verzehr der Ressourcen den einzelnen Prozessen der Abteilung und damit Produkten zuordnen zu können, ist die Bestimmung von Bezugsgrößen, wie z. B. der Art der Beschichtung und der Breite der Leiterbahnen, notwendig. Die Verknüpfung zwischen den in der Abteilung durchgeführten Prozessen und dem dabei in Abhängigkeit der Bezugsgrößen verursachten Ressourcenverzehr ermöglicht die angestrebte, verursachungsgerechte Zuordnung der Kosten zu den Aufträgen. Ein nur geringer Teil der entstehenden Kosten wird auch weiterhin als Zuschlag verrechnet.

Zur praxisgerechten Anwendung des Unternehmensmodells wurde das EDV-System KOMO entwickelt. Auf der Grundlage auftragsbeschreibender Parameter werden die erforderlichen Bearbeitungsvorgänge identifiziert und der notwendige Ressourcenverzehr bestimmt. Durch die Nutzung der hinterlegten Kostensätze erfolgt die Kalkulation des Auftrages.

Das aus dem Prozeßplan abgeleitete Unternehmensmodell ermöglicht die verursachungsgerechte Kalkulation von Aufträgen unter Berücksichtigung aller relevanten Produkt- und Auftragsparameter. Dabei wurde mit 70 % der Gesamtkosten ein wesentlich höherer Anteil der Kosten als bisher (30 %) verursachungsgerecht verrechnet. Die Exaktheit der internen Auftragskalkulation und die Sicherheit bei der Preisgestaltung konnten so erheblich gesteigert werden. Weiterhin ist der Einfluß der Losgröße auf den Stückpreis exakt quantifizierbar. Die dem Kalkulationsverfahren zugrunde liegende Datenbasis in Form des Unternehmensmodells läßt sich zudem bei veränderten Randbedingungen sehr einfach aktualisieren.

3.6 EDV-gestützte Prozeßgestaltung

Die Durchführung einer Prozeßanalyse ist mit der Aufnahme von umfangreichen Informationen verbunden, um eine fundierte Grundlage für die Formulierung von Verbesserungsmaßnahmen gewinnen zu können. Die entstehenden Prozeßpläne enthalten auch in kleineren Unternehmen unter Umständen mehrere hundert Prozeßelemente. Der Aufwand, diese Daten aufzunehmen, darzustellen und auszuwerten, ist für die meisten Unternehmen nicht zu leisten, da die Mitarbeiter zu stark in das Tagesgeschäft eingebunden sind. Diese Unternehmen befinden sich in dem „Teufelskreis", einerseits Veränderungen durchführen zu müssen, andererseits jedoch keine Zeit für die erforderlichen Analysetätigkeiten zu haben.

Aus diesem Grund wurde eine EDV-Unterstützung für die Durchführung einer Prozeßanalyse entwickelt. Mit Hilfe des Systems PROPLAN können die entsprechenden Informationen über die existierenden Prozesse schnell und einfach aufgenommen werden (Bild 3.54).

Dazu sind auf der linken Seite der Benutzeroberfläche die 14 Prozeßelemente abgebildet, die durch Mausbedie-

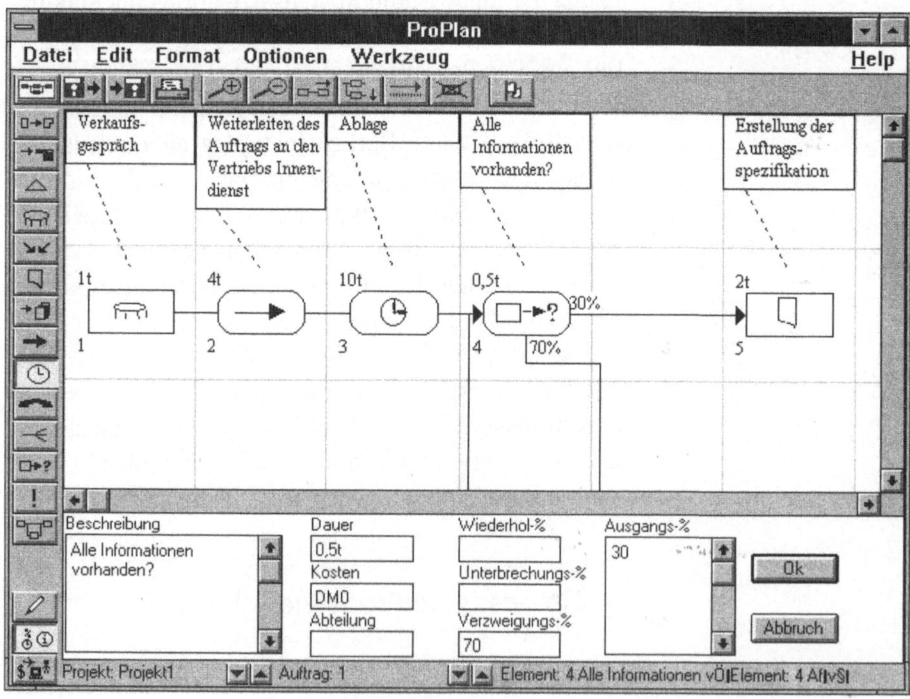

Bild 3.54: PROPLAN - EDV-gestützte Prozeßanalyse

• EDV-gestützte
Prozeßanalyse

nung aktiviert und entsprechend positioniert werden können. Weitere notwendige Funktionalitäten, wie „Vergrößern" und „Verkleinern" der Bildschirmanzeige, „Einfügen" und „Löschen" verschiedener Elemente, „Drucken" usw., sind am oberen Rand der Benutzeroberfläche verfügbar. Im unteren Bereich erfolgt die prozeßspezifische Eingabe des Kurztextes, der Durchlaufzeit, der Übergangswahrscheinlichkeiten und der zugeordneten Abteilung. Das Programmsystem unterstützt durch die beschriebenen Funktionalitäten die Analysephase und ermöglicht eine erhebliche Reduzierung des Gesamtaufwands.

Durch die Beschränkung auf wesentliche Funktionalitäten ist eine schnelle Einarbeitung und einfache Anwendung gegeben. Das Analysetool ist auf IBM-kompatiblen PCs unter WINDOWS einsatzfähig und somit beispielsweise auf Laptops oder Notebooks zu verwenden. Der Einsatz während eines Interviews ermöglicht die Durchführung einer Prozeßanalyse in kürzester Zeit bei minimalem Aufwand (Bild 3.55).

Eine weitere Anwendung der EDV-gestützten Prozeßgestaltung ist die Simulation. Durch diese Art der Unter-

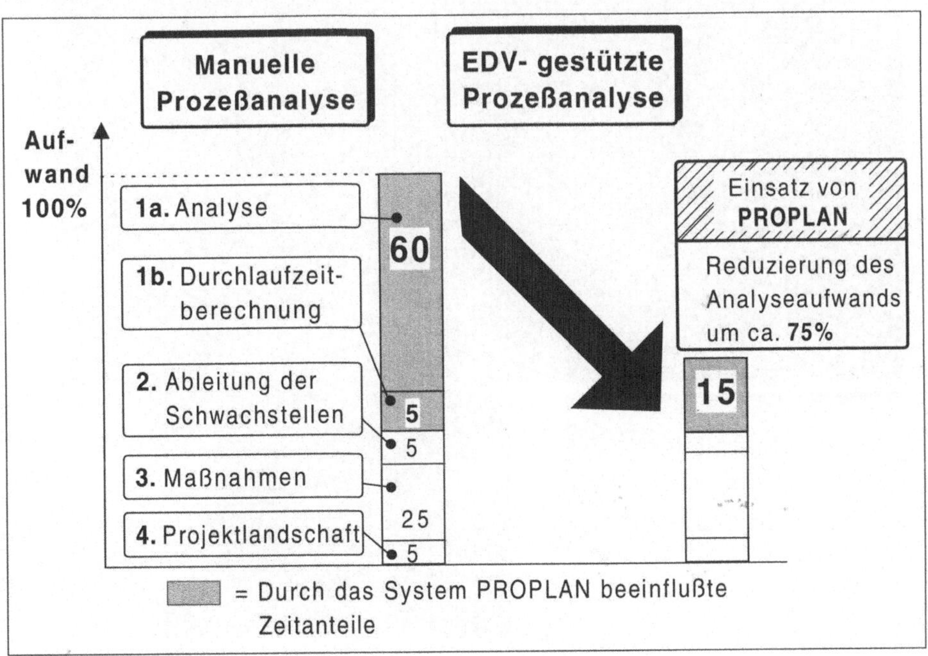

Bild 3.55: Aufwandsreduzierung durch eine EDV-gestützte Prozeßanalyse

suchung sind Aussagen über das Auftragsverhalten auf Ebene einzelner Aufträge möglich (Bild 3.56).

So können beispielsweise das Streuverhalten der Gesamtdurchlaufzeit oder der Umfang von Liegezeiten in indirekten Bereichen dargestellt werden.

3.7 Weitere Anwendungsgebiete

3.7.1 Nutzung des Prozeßplans nach der Reorganisation

Prozeßpläne, die für den Ist- und Sollzustand aufgebaut wurden, sind im Anschluß an das Projekt vielfältig einsetzbar, da sie in erheblichem Umfang das Know-how des Unternehmens repräsentieren (Bild 3.57).

Die Durchführung einer prozeßorientierten Reorganisation ist kein einmaliger, sondern ein kontinuierlicher Vorgang. Die Umsetzung der Verbesserungsmaßnahmen

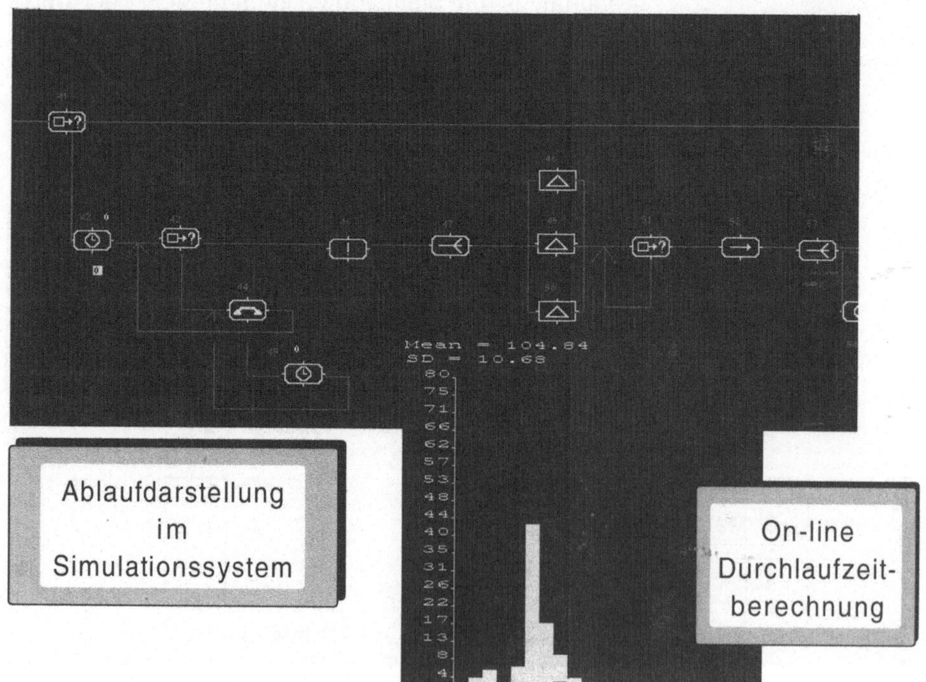

Bild 3.56: Simulation der Auftragsabwicklungsprozesse

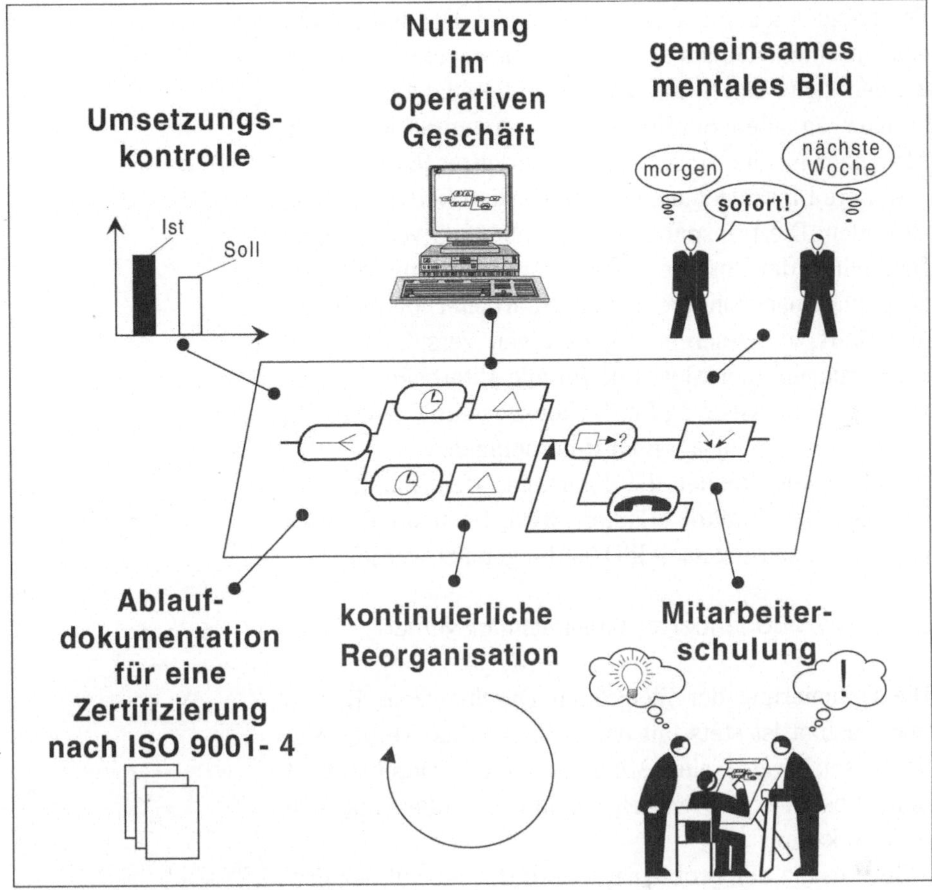

Bild 3.57: Weitere Anwendungen des Prozeßplans

kann permanent in einem Prozeßplan aktualisiert werden, um eine Kontrolle des Umsetzungserfolges zu haben.
Deshalb ist es von besonderer Bedeutung, daß die einzu-
setzenden Hilfsmittel, wie eine EDV-Unterstützung, einfach und schnell anzuwenden sind, damit die Mitarbeiter
durch den kontinuierlichen Verbesserungsprozeß nicht
zu stark vom Tagesgeschäft abgehalten werden. Darüber
hinaus dient die kontinuierliche Pflege und Nutzung des
Prozeßplans zur Kontrolle der Qualität der Ablauforganisation.

Bei der Durchführung einer prozeßorientierten Reorganisation steht der operative Mitarbeiter im Mittelpunkt,
da sein Know-how die Grundlage für die Erstellung des

Prozeßplans ist und durch die Art der Darstellung ein gemeinsames mentales Bild im Unternehmen erzeugt werden kann. Durch die frühzeitige Beteiligung der Mitarbeiter an allen Schritten der Reorganisation ist die Akzeptanz für die Umsetzung gewährleistet [Ev 93b].

Weitere Einsatzgebiete sind in der Mitarbeiterschulung zu finden. Die transparente und einfach zu verstehende Darstellung der Unternehmensabläufe erleichtert die Einarbeitung insbesondere neuer Mitarbeiter beträchtlich und führt zu besserem gegenseitigen Verständnis. Ein gemeinsames „mentales" Bild für alle Mitarbeiter ist eine wichtige Voraussetzung für die konsequente Realisierung einer Prozeßorganisation im Unternehmen.

Andererseits können die dokumentierten Abläufe, wie im folgenden Kapitel erläutert wird, auch im Rahmen einer Zertifizierung nach ISO 9001-4 genutzt werden.

3.7.2 Prozeßorientiertes Qualitätsmanagement

Die Optimierung der Zielgrößen Durchlaufzeit, Kosten und Qualität ist stets mit einem Zielkonflikt verbunden, da beispielsweise eine Minimierung der Durchlaufzeit hohe Kosten und eventuell Qualitätseinbußen mit sich bringen kann.

Zur Lösung der Problematik wird das Modell der prozeßorientierten Auftragsabwicklung um den Qualitätsaspekt erweitert, so daß man zukünftig in der Lage sein wird, die obengenannten Zielgrößen entweder einzeln oder im Gesamtzusammenhang zu optimieren. Dadurch werden die Maßnahmen zur Optimierung der Qualitätssicherung hinsichtlich des Nutzens für die gesamte Auftragsabwicklung bewertbar.

Der Nachweis eines anforderungsgerechten Qualitätsmanagements (QM), dokumentiert durch ein Zertifikat einer anerkannten Zertifizierungsstelle, ist für viele Unternehmen mittlerweile zu einem entscheidenden Faktor für den Markterfolg geworden. Ein solches Zertifikat nach ISO 9000 bis 9004 dient insbesondere dazu, unternehmensexternen Stellen und Kunden gegenüber die Funktionsfähigkeit des eigenen betrieblichen QM-Systems nachzuweisen.

Die Konzeption, Umsetzung, Dokumentation und dauerhafte Installation eines QM-Systems setzt jedoch hohe Aufwendungen seitens der Unternehmen voraus. Solche Aufwendungen lassen sich allgemein nur rechtfertigen, wenn ihnen ein entsprechender Ertrag gegenüber steht. Vielerorts herrscht jedoch noch Unsicherheit, wie der Nutzen eines QM-Systems oder einzelner Maßnahmen zu bewerten ist. Aus diesem Grunde werden häufig nur Minimallösungen angestrebt, die zur Zertifizierung ausreichen sollen. Diese Lösungen schöpfen jedoch die Potentiale eines modernen Qualitätsmanagements in keiner Weise voll aus.

Die Kombination von Zertifizierungsvorbereitung und prozeßorientierter Reorganisation ist eine sinnvolle Lösung, um die Zertifizierung zu erreichen und gleichzeitig eine nachhaltige Optimierung der Geschäftsprozesse durchzuführen.

Die klassische Ablaufdarstellung nach DIN für den Aufbau der Verfahrensanweisung wird dabei durch die Ablaufbeschreibung mittels der Prozeßelemente ersetzt. Die herkömmlichen Beschreibungen konzentrieren sich im wesentlichen auf die direkten Unternehmensprozesse (Bild 3.58).

Stellt man dieser Ablaufdarstellung den Prozeßplan des gleichen Ablaufs gegenüber, so werden zusätzlich die „Zeitfallen" der Rückschleifen und Liegezeiten offensichtlich. Erst durch die Informationen, die der Prozeßplan enthält, lassen sich beispielsweise Durchlaufzeiten für den Ist- und den Soll-Zustand darstellen.

Aus einer prozeßorientierten Analyse läßt sich im obengenannten Beispiel die Durchlaufzeit für diese Prozeßkette ermitteln (hier 34 Tage). Bei einem linearen Durchlauf, d. h. ohne Störungen, läßt sich eine Reduzierung um ca. 90 % erreichen. Das Potential kann nicht immer vollständig ausgeschöpft werden, jedoch lassen sich die Prozesse und Potentiale für eine Reorganisation genau lokalisieren.

Ein anderes Beispiel für die Integration von Zeit-, Kosten- und Qualitätsaspekten ist die Ermittlung von Fehlerkosten. Aus dem Prozeßplan eines Maschinenbauunternehmens konnte abgelesen werden, daß nach der

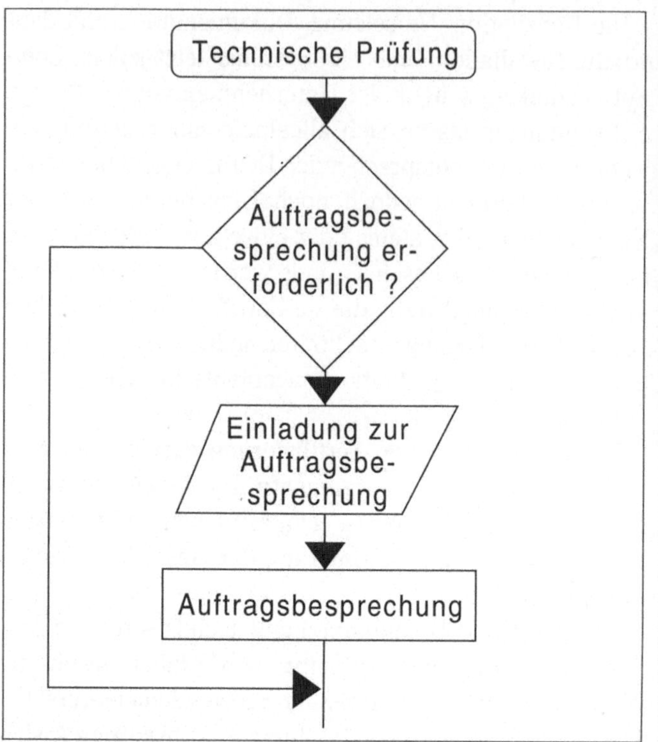

Bild 3.58: Ablaufdarstellung nach DIN

Montage der Produkttypen A1 und A2 ein großer Anteil der Aufträge (A1: 35%, A2: 100%) nachgearbeitet werden mußte (Bild 3.60).

Die Fehlerbeseitigung betrug zwischen 1,5 h und 5 h. Auf Basis dieser Zeitwerte konnten anhand des verbrauchten Zusatzmaterials und der eingesetzten Perso-

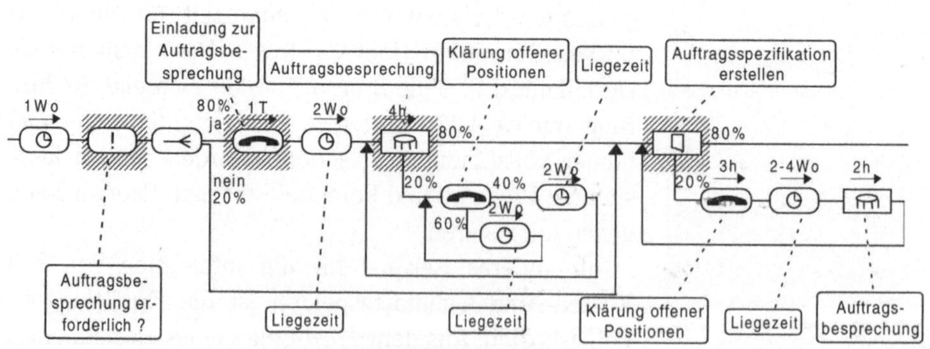

Bild 3.59: Prozeßplan - Nutzung für die Verfahrensanweisung

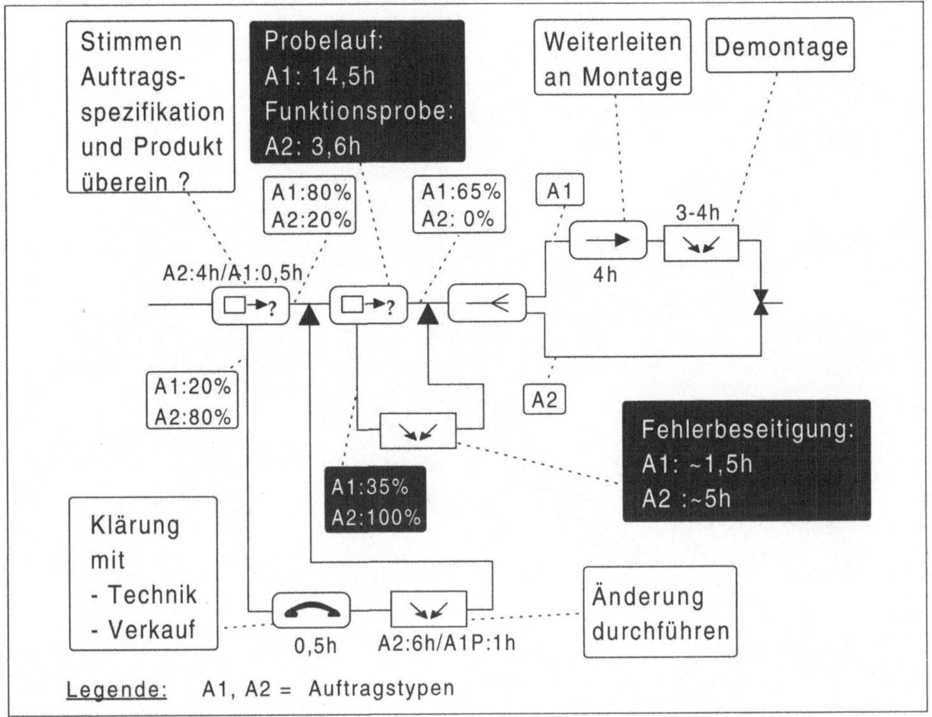

Bild 3.60: Fehlerkosten durch Nacharbeit

nalkapazitäten die Fehlerkosten einerseits quantifiziert und andererseits lokalisiert werden (Bild 3.61). Diese beliefen sich auf ca. 20% der Gesamtfehlerkosten.

3.7.3 Prozeßorientierte Make-or-buy-Entscheidungen

Make-or-buy liefert einen Ansatz zur Bestimmung der optimalen Eigenleistungstiefe. Im Mittelpunkt steht die Frage nach der unternehmensinternen Erstellung oder der Fremdbeschaffung von Leistungen. Hierbei kann es sich sowohl um „Hardware" im Sinne von Komponenten bzw. Baugruppen als auch um „Brainware", wie z. B. Dienstleistungen, handeln [Ev 93g]. Make-or-buy beschränkt sich nicht auf die Fremdbeschaffung von Fertigungsleistungen oder die Bereitstellung von Zukaufteilen, sondern umfaßt das gesamte Leistungsspektrum des Unternehmens. Der Umfang der beschafften Leistung ist ein wesentliches Merkmal der eigenen Wertschöpfungstiefe.

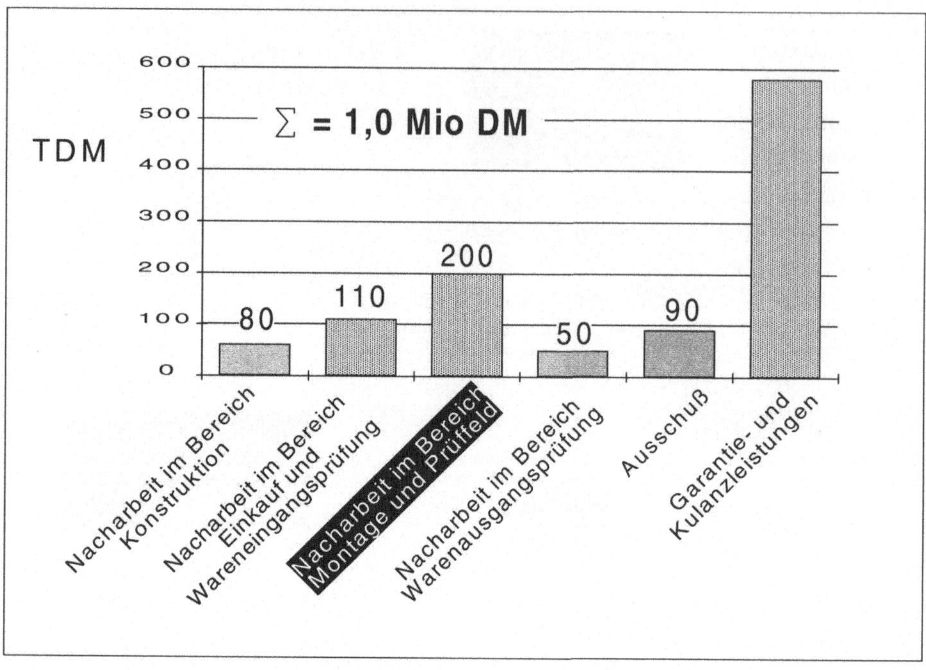

Bild 3.61: Quantifizierung der Fehlerkosten - Beispiel -

Eine vom WZL durchgeführte Studie bei 16 mittelständischen Unternehmen ergab, daß der wertmäßige Anteil von Make-or-buy-Entscheidungen durchschnittlich mehr als ein Viertel des Jahresumsatzes beträgt. Ungeachtet ihrer wirtschaftlichen Bedeutung werden Make-or-buy-Entscheidungen nur selten interdisziplinär getroffen und verantwortet. Die Initiative geht in 80 % der Unternehmen von der Arbeitsvorbereitung und dem Einkauf aus. Der Anlaß zur Make-or-buy-Objektsuche ist dabei in der Mehrzahl situationsbedingt, nur 50 % der Unternehmen führen eine regelmäßige Analyse des Beschaffungs- und Produktionsprogramms durch.

Der sequentielle Charakter der Auftragsabwicklung in vielen Unternehmen prägt den Entscheidungsprozeß über Eigenfertigung und Fremdbezug. Ein Beispiel für einen typischen Ablauf bei Make-or-buy-Entscheidungen verdeutlicht die Schwachstellen [Wil 92]: Die Konstruktion leitet die Zeichnungen an den Einkauf weiter, für die unternehmensintern nicht die notwendigen Technologien verfügbar sind. Die Arbeitsvorbereitung prüft die übrigen Zeichnungen mit Hilfe einer Kostenvergleichsrechnung eigener variabler Kosten versus den Vollkosten des Anbieters auf Wirtschaftlichkeit. Fertigungssteuerung und Dispostion entscheiden vor dem Hintergrund ihrer kurz- und langfristigen Kapazitätsplanung über Eigen- oder Fremdfertigung. Ergebnis dieses bereichsbezogenen Entscheidungsablaufs sind der mangelnde Bezug zu den Unternehmenszielen durch Funktionsoptimierung und Zementierung des status quo des Eigenfertigungsumfangs.

In Zeiten der Hochkonjunktur haben insbesondere kleine und mittelständische Unternehmen sukzessiv das unternehmensinterne Leistungsspektrum vergrößert. Durch diese Erweiterungen des Leistungsspektrums haben viele Unternehmen „Speck" angesetzt, d. h. das Verhältnis des kostenmäßig bewerteten Aufwandes für Kernaufgaben zum Gesamtaufwand wurde stetig kleiner.

Damit eng verknüpft wuchs der Anteil an Overhead- und Gemeinkosten und somit der Fixkostenblock. Statt in die Kernsegmente zu investieren, wurde das Kapital z. B. in Vorproduktfertigung, Werkstattdienste oder Transport- und Lagerleistungen gebunden. Das Anbauen zusätzlicher Glieder an die ursprüngliche Wertschöpfungskette schaffte neue „Kapitalbedarfszentren" [Roe 91]. Diese verursachen eine erhöhte Konjunkturempfindlichkeit und vermindern die Anpassungsfähigkeit des Unternehmens bei Marktveränderungen.

Bei der Berechnung direkter Kosten der Eigenleistung im Wirtschaftlichkeitsvergleich zum Fremdbezug bleiben häufig Leistungen des Zulieferers unberücksichtigt, die bei interner Erstellung erhebliche Kosten verursachen. Dazu gehören zum Beispiel Gewährleistungen für ungenügende Qualität oder verspätete Lieferungen. Leistungen aus vorgelagerten Bereichen, wie dem Personal- und Sozialwesen, können Kalkulationsfehler von mehr als 5% ausmachen [Roe 91]. Die Koordinationskosten steigen exponentiell mit der Zahl der eigenen Wertschöpfungsstufen. Hinzu kommen Opportunitätskosten (entgangene Erträge), die durch Verzögerungen in einzelnen Gliedern der Wertschöpfungskette entstehen. Um diese

Bewertungsdefizite auszuräumen, muß ein Wirtschaftlichkeitsvergleich zwischen Eigen- und Fremdfertigung die Aufwände für den Betrieb der gesamten Wertschöpfungskette quantifizieren.

Durch eine ganzheitliche Make-or-buy-Strategie gilt es, den beschriebenen Anforderungen gerecht zu werden. Im Vordergrund muß dabei eine Rückbesinnung auf die eigenen Stärken und eine Konzentration auf die Kernaufgaben stehen. Bei der damit verbundenen Erhöhung des Zulieferanteils, d. h. der Verringerung der unternehmensinternen Wertschöpfungstiefe bzw. des Leistungsspektrums, ist jedoch insbesondere auf die Vereinfachung der Schnittstellen zu den bisherigen und den neuen Zulieferern zu achten. Auch hier liegen Potentiale, die insbesondere den Koordinationsaufwand betreffen. Dieser wird z. B. bei einem Motoren- und Turbinenhersteller derzeit mit 14 % des Beschaffungswertes bewertet [Ev 93g].

Dies heißt jedoch nicht, daß mittel- bis langfristig das Leistungsspektrum des Unternehmens ausschließlich reduziert werden sollte. Vielmehr gilt es, im Sinne des Ausbaus der Unternehmensaktivitäten neue Kerngeschäftsbereiche zu erschließen und weiterzuentwickeln.

Im Rahmen der diesbezüglich durchzuführenden Maßnahmen können neben den bereits erläuterten Ergebnissen weitere Vorteile erzielt werden. In erster Linie sind in diesem Zusammenhang die im Rahmen der erforderlichen Voranalysen zu erzielende Kostentransparenz sowie die Kostenvariabilisierung bzw. die Optimierung der eigenen Kostenstruktur durch günstigere Zulieferer zu nennen. Hierbei ist jedoch auch zu beachten, daß einerseits durch die Zulieferung Spezial-Know-how eingekauft werden kann, andererseits aber auch unternehmensinternes Know-how transferiert wird und somit eine irreversible Abhängigkeit von Zulieferern entstehen kann [Ev 93g].

Die weitere Frage ist nun, wie die Kernbereiche der unternehmensinternen Leistungserstellung ermittelt werden können und wie daraus das Fremdvergabepotential zu bestimmen ist. Dazu kann eine Vorgehensweise zur systematischen Vorbereitung von Make-or-buy-Entscheidungen genutzt werden. Diese gliedert sich auf in eine

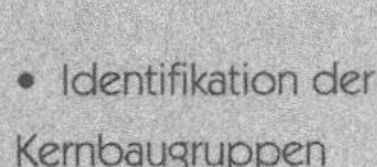

• Identifikation der Kernbaugruppen

Kern- und Randbaugruppen- bzw. -teilebestimmung, eine Prozeßanalyse sowie eine qualitative und quantitative Bewertung. Eine regelmäßige Durchführung dieser Schritte führt zu einer Optimierung der Fertigungstiefe (Bild 3.62).

Um die Kern-/ Randbaugruppen und -teile identifizieren zu können, soll eine Matrix aufgebaut werden, in der die einzelnen Produktstrukturstufen top-down auf bestimmte k.o.-Kriterien hin untersucht werden. Dazu ist es einerseits notwendig, das betrachtete Produkt in seine Strukturstufen zu zerlegen und andererseits einen k.o.-Kriterienkatalog aufzustellen, der eine eindeutige Zuordnung in bezug auf „Eigenfertigungs-" oder „Fremdfertigungskomponente" zuläßt.

Zur Bestimmung von Fremdfertigungskomponenten werden u. a. die Kriterien „Standard-/Normteil" und „Zulieferspezifisches Know-how" herangezogen. „Standard-

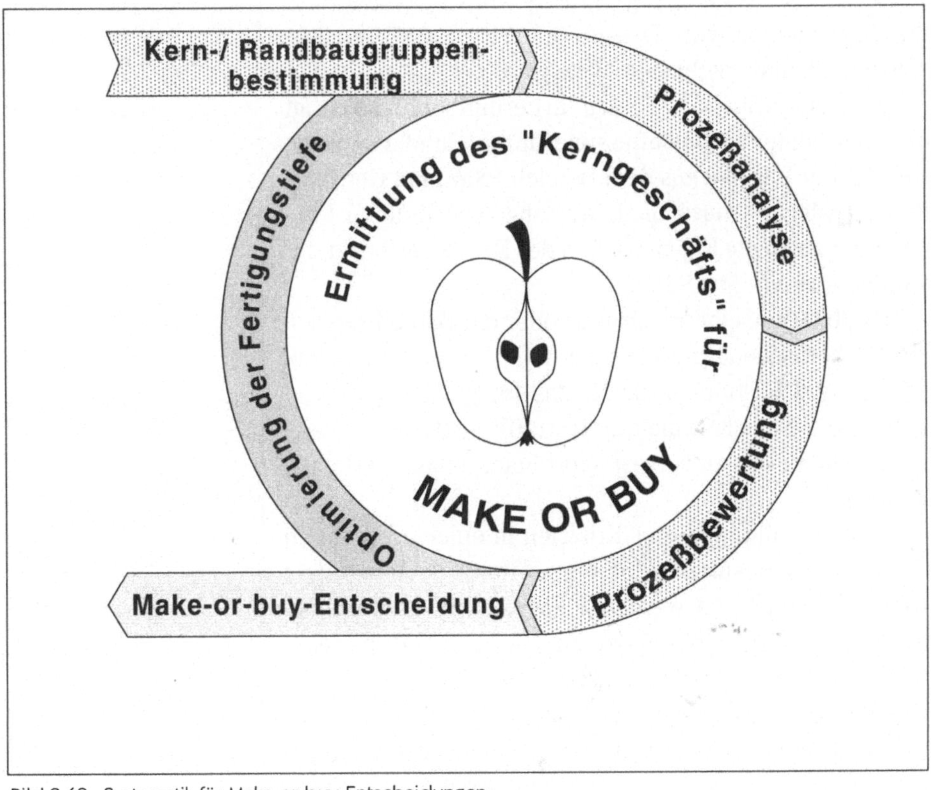

Bild 3.62: Systematik für Make-or-buy-Entscheidungen

/Normteil" drückt aus, daß keine Know-how-Komponente vorliegt und zahlreiche Fremdanbieter existieren. „Zulieferspezifisches Know-how" besagt, daß auf das Wissen und Können eines Anbieters zurückgegriffen werden muß.

Die Bestimmung der Kernbaukomponenten erfolgt u. a. durch die Kriterien „Integration", „Kompetenz", „Identifikation" und „Kundenspezifikation" (Bild 3.63) [Met 93].

Integration: Zur Konstruktion der Baugruppen oder -teile ist Wissen über das spezifische Enderzeugnis notwendig. Als Praxisbeispiel können Hauptquerträger aus dem Untergestell von Schienenfahrzeugen angeführt werden, deren konstruktive Auslegung sowohl von den Anforderungen an das Gesamterzeugnis abhängt als auch selbst wiederum die Konstruktion des Produktes bestimmt.

Kompetenz: Hier wird die Frage nach den zukünftigen Entwicklungsfeldern des Unternehmens gestellt, d. h. inwieweit die Komponente entwicklungsbestimmend ist. Für den Schienenfahrzeugsektor ist dies beispielsweise die Entwicklung von Drehgestellen für den Hochgeschwindigkeitsverkehr [Met 93].

Kundenspezifikation: Dieses Kriterium berücksichtigt die entscheidende Beeinflussung durch Kundenanforderungen. Ein Beispiel aus dem Bereich PKW sind Getriebe, deren Auslegung durch die Erwartungen bestimmter Kundengruppen an die Eigenschaften des Fahrzeugs bestimmt werden können [Met 93].

Identifikation: eine Baugruppe oder ein Bauteil werden am Markt mit dem Produkt oder dem Unternehmen identifiziert und bestimmen somit das Image. Beispiel sind Fahrwerke von PKW, die durch straffe Abstimmung dem Unternehmen ein positives, sportliches Image verleihen können.

Ist eine Erfüllung dieser Kriterien in einer bestimmten Stufe nicht eindeutig zu klären, so muß die Baugruppe weiter dekomponiert werden. Falls dies nicht mehr möglich ist, fällt das Objekt in den Make-or-buy-Unschärfebereich und wird einer Prozeßanalyse unterzogen. Alle Objekte, die zugeordnet werden konnten, scheiden aus der Analyse aus. Als Beispiel in Bild 3.63 ist die Hauptbaugruppe „Antrieb" eines PKWs aufgeführt, die einem

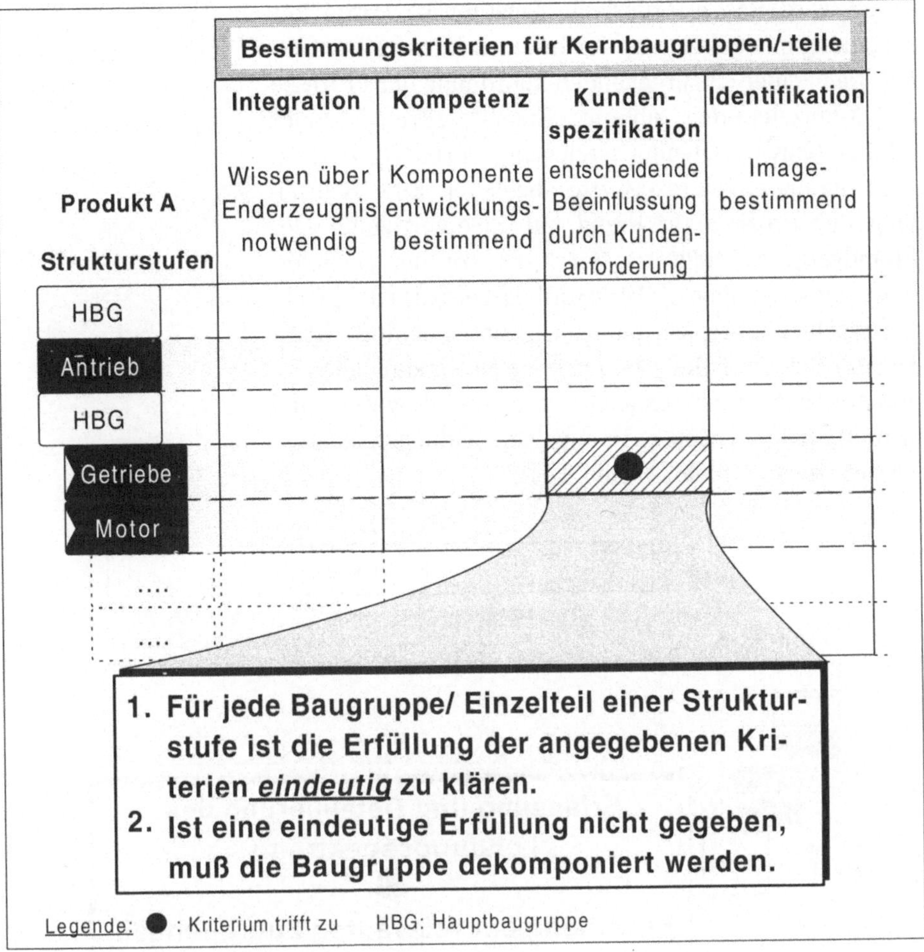

Bild 3.63: Festlegung von Kern- und Randbaugruppen/ -teilen

- Von der Produkt-
  zur Prozeßebene

Kriterium nicht eindeutig zugeordnet werden kann. Nach weiterer Dekomposition kann die Unterbaugruppe „Getriebe" als Kernbaugruppe identifiziert werden.

Nachdem auf diese Weise der Make-or-buy-Unschärfebereich auf Produktebene festgelegt wird, erfolgt anschließend eine Prozeßanalyse, bei der zuerst das Betrachtungsspektrum der Unternehmensleistungen abgegrenzt wird. Beispielsweise kann sich die Analyse auf operative Tätigkeiten zur Abwicklung der Produktion beschränken, d. h. auf Konstruktion, Arbeitsvorbereitung, Fertigung und Montage.

Nun wird das erforderliche Leistungsspektrum zur Erstellung einer Baugruppe oder eines Einzelteils ermittelt. Nach einer entsprechenden Zuordnung der Prozesse mit Kennzeichnung, ob ein „Eigen-", „Fremd-" oder „Make-or-buy-entscheidungsrelevanter Prozeß" vorliegt, wird daraus eine Prozeßkette abgeleitet. Eine Beurteilung der Prozesse in bezug auf Eigenfertigung oder Fremdvergabe erfolgt u. a. durch die Kriterien „Zulieferpotential vorhanden", „Werkstoffbearbeitbarkeit", „Technologische Differenzierung" und „Kundeneinfluß". Trifft keins der zuvor definierten Kriterien zu, so kann der Prozeß prinzipiell intern als auch extern erstellt werden und wird deshalb als „Make-or-buy-entscheidungsrelevanter Prozeß" gekennzeichnet (Bild 3.64).

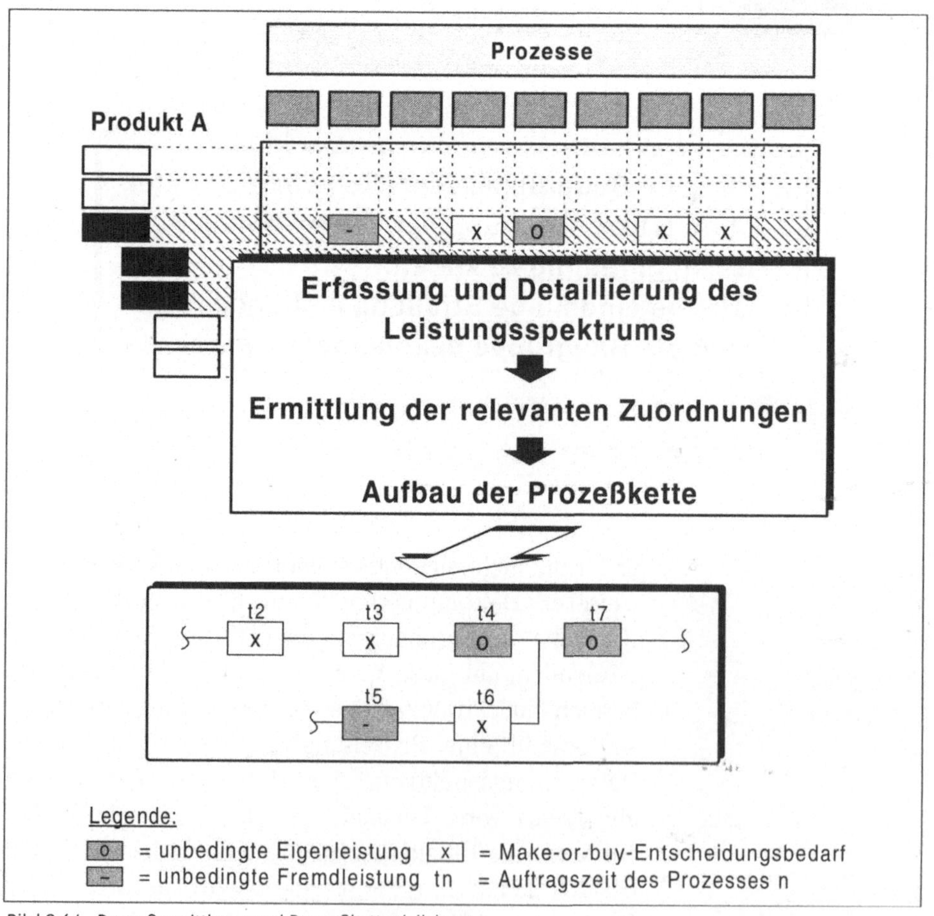

Bild 3.64: Prozeßermittlung und Prozeßkettenbildung

Die Bildung der Prozeßkette bzw. die Zuordnung der Prozesse zu den einzelnen Komponenten erfolgt u. a. auf Basis eines Arbeitsplans, aus dem auch die Auftragszeiten für eine Zeitbetrachtung entnommen werden können. Anhand der Prozeßkette werden verschiedene Varianten aufgestellt, in denen die make-or-buy-relevanten Prozesse untersucht werden.

Nachdem in der Kern- und Randbaugruppenbetrachtung strategische Aspekte berücksichtigt wurden, folgt nun eine qualitative Bewertung der Prozeßkettenvarianten.

Zur qualitativen Bewertung sind als erstes Kriterien zum Vergleich Eigen- gegen Fremdleistung zu ermitteln. Für diese Kriterien werden Kennzahlen gebildet. Die „Termintreue" wird z. B. mittels statistischer Werte wie „durchschnittliche Verzugszeit" ausgedrückt und „Qualität" durch das Verhältnis von „Nacharbeitskosten zu Herstellkosten". Abschließend werden die ermittelten Kennzahlen jeder Variante mit den entsprechenden Kosten tabellarisch aufgeführt.

• Qualitative Bewertungsaspekte

Bei der Kostenbewertung werden die Prozeßkettenvarianten um die anfallenden indirekten Prozesse ergänzt. In diesem Beispiel werden die Fertigungsprozesse Sägen, Bohren, Drehen und Fräsen als Fremdleistung untersucht (Bild 3.65). Es wird deutlich, daß bei interner Erstellung andere Tätigkeiten durchzuführen sind als bei externer Erstellung. In diesem Beispiel wird im Eigenfertigungsfall die Fertigungssteuerung in Anspruch genommen, wohingegen bei einer Fremdvergabe die Beschaffungsdisposition durch den Einkauf wahrgenommen werden muß.

• Bewertung mit dem Ressourcenverfahren

Zur Bewertung der Prozesse liefert der Arbeitsplan nur für direkte Prozesse, wie Fertigungs- und Montageprozesse, die notwendigen Kosteninformationen. Insbesondere für die gemeinkostenintensiven „Büroprozesse" wird daher das Ressourcenverfahren angewendet. Dies setzt eine Analyse der Tätigkeiten mit ihrer Ressourcenbeanspruchung voraus. Die Ressourcenbeanspruchung wird über Bezugsgrößen quantifiziert. Als mögliche Bezugsgröße für den Aufwand in der Fertigungssteuerung kann die Anzahl im Umlauf befindlicher Arbeitspläne herangezogen werden. Der Aufwand bei der Beschaffung durch

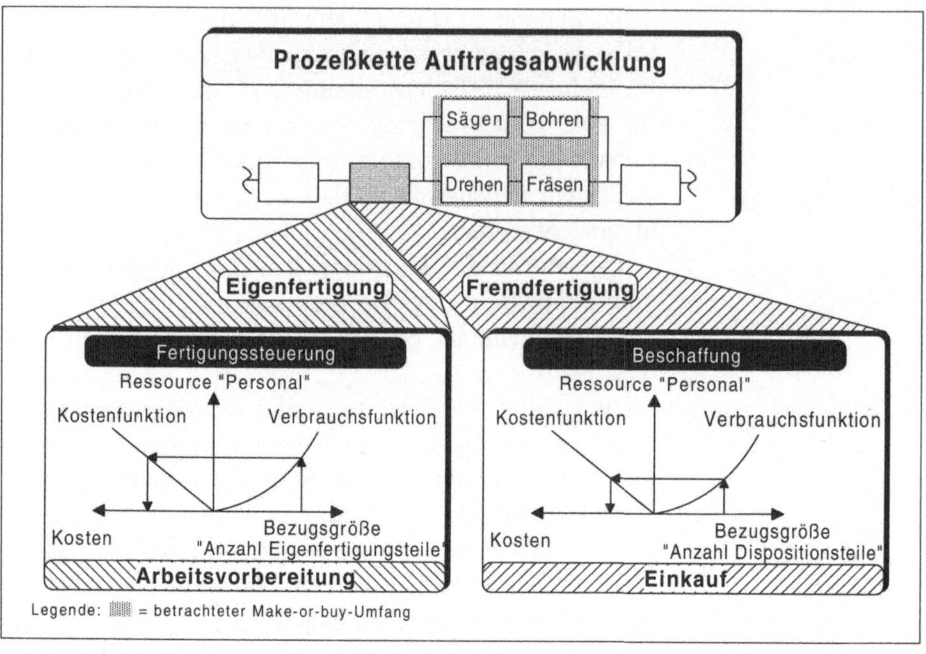

Bild 3.65: Kostenbewertung mit dem Ressourcenverfahren

den Einkauf kann durch die Anzahl zu disponierender Teile beschrieben werden.

Auf diese Weise läßt sich mit der systematischen Vorbereitung von Make-or-buy-Entscheidungen ausgehend von einer Kern- und Randbaugruppenbestimmung auf Produktebene über eine Prozeßanalyse des Make-or-buy-Unschärfebereichs eine qualitative und quantitative Bewertung vornehmen, die dem Entscheidungsträger bei der Entscheidungsfindung verursachungsnahe Informationen zur Verfügung stellt.

4 Die prozeßorientierte Optimierung der Produktentwicklung – Methodik und Praxisbeispiele –

4.1 Zielsetzung

Die heutigen Anforderungen an die Unternehmen sind geprägt von der Nachfrage nach individuellen Produkten, die ständig dem Wandel der technologischen Entwicklung angepaßt und in hochwertiger Qualität in immer kürzeren Zyklen entwickelt und produziert werden müssen [Ev 89].

Hier besteht insbesondere für die deutschen Unternehmen ein großer Handlungsbedarf. So hat eine bereits in dem Jahre 1985 durchgeführte Studie gezeigt, daß ein großer Vorteil amerikanischer und japanischer Unternehmen darin besteht, Produkte wesentlich schneller zur Marktreife zu bringen als ihre europäischen Konkurrenten [Bro 88, War 89].

Am Beispiel der Automobilentwicklung wird der Vorsprung von Japan gegenüber den Europäern besonders deutlich: Während die Japaner 3 Jahre für die Entwicklung eines neuen Modells benötigen, beträgt die Entwicklungszeit in Europa bis zu neun Jahren [Der 90]. Längere Entwicklungszeiten bedeuten dabei meist nicht, daß die anderen Entwicklungsziele, wie Qualitätssteigerung und Herstellkostenreduzierung, um so sicherer erreicht werden. Eine Studie von Arthur D. Little im deutschen Maschinenbau zeigt: Sowohl die Herstellkosten als auch andere im Pflichtenheft festgelegte Produktziele werden allzu häufig verfehlt. Die Konstruktionen enthalten beim Übergang in die Produktion immer noch viele Fehler und verursachen einen hohen Änderungsaufwand vor und nach dem Serienanlauf [Per 90]. Diese Problematik ist analog auf viele andere Industriezweige übertragbar [Bul 91b].

Von wesentlicher Bedeutung ist in diesem Zusammenhang, daß mehr als die Hälfte aller auftretenden Probleme während der Produktentwicklung nicht auf Sach-, sondern auf Verhaltensprobleme zurückzuführen sind (Bild 4.1) [Rei 90]. Zu den größten Verhaltensproblemen zählen u. a.:

- mangelndes Verantwortungsbewußtsein,
- umständliche Entscheidungsfindung,
- ungenügendes Kommunikationsverhalten,
- fehlende Team- und Kritikfähigkeit,
- Hierarchie- und Abteilungsdenken sowie
- Funktionsorientierung.

Dem stehen die folgenden bekannten Sachprobleme gegenüber:

- ungenaue Zielvorgaben,
- „Overengineering",
- fehlende Projektplanung,
- Schnittstellenvielfalt,

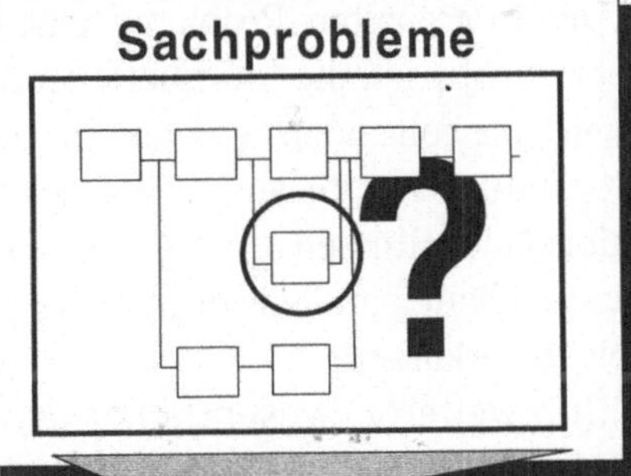

Bild 4.1: Problematik der Produktentwicklung

- Informationsdefizite,
- Intransparenz der Abläufe,
- starke Interdependenzen zwischen Vorgängen und
- viele rückgekoppelte Prozesse.

Alle aufgeführten Probleme besitzen eine Gemeinsamkeit. Sie sind auf die fehlende Prozeßorientierung in der Produktentwicklung zurückzuführen. Diese ist aber unbedingt erforderlich, da nur durch eine verlaufsorientierte Sichtweise die Abfolge der einzelnen Teilaufgaben optimiert werden kann. Zur Beseitigung bzw. Verringerung der Probleme bietet sich an, Simultaneous Engineering (S.E.) einzuführen, weil dadurch eine prozeßorientierte Produktentwicklung konsequent unterstützt wird.

Simultaneous Engineering ist die integrierte und zeitparallele Abwicklung der Produkt- und Prozeßgestaltung. Bei der Umsetzung der Methodik des Simultaneous Engineering werden folgende Ziele verfolgt [Ev 93f]:

- Die Frist „time to market" von der Produktidee bis zur Einführung des Produktes verkürzen,
- Entwicklungs- und Herstellkosten verringern und
- Produktqualität in dem umfassenden Sinne des „Total Quality Management" verbessern.

Die Einführung von Simultaneous Engineering wird durch mehrere Lösungsansätze realisiert. Diese sind in (Bild 4.2) wiedergegeben.

Die aufgezählten Probleme machen deutlich, daß es sehr wichtig ist, die Informationsflüsse zeitlich abzugleichen. Im folgenden werden in diesem Kapitel daher Möglichkeiten vorgestellt, diesen zeitlichen Abgleich von Informationsflüssen zu verbessern. Dabei werden die Planungsabläufe parallelisiert, um die Produktentwicklungszeit zu verkürzen.

Ein weiterer wesentlicher Bestandteil des S.E.-Gedankens ist der Einsatz eines S.E.-Teams. Ein solches Team ist zur Überwindung des Bereichsdenkens und für eine prozeßorientierte Zusammenarbeit aller an der Produktentwicklung beteiligten Bereiche unbedingt erforderlich.

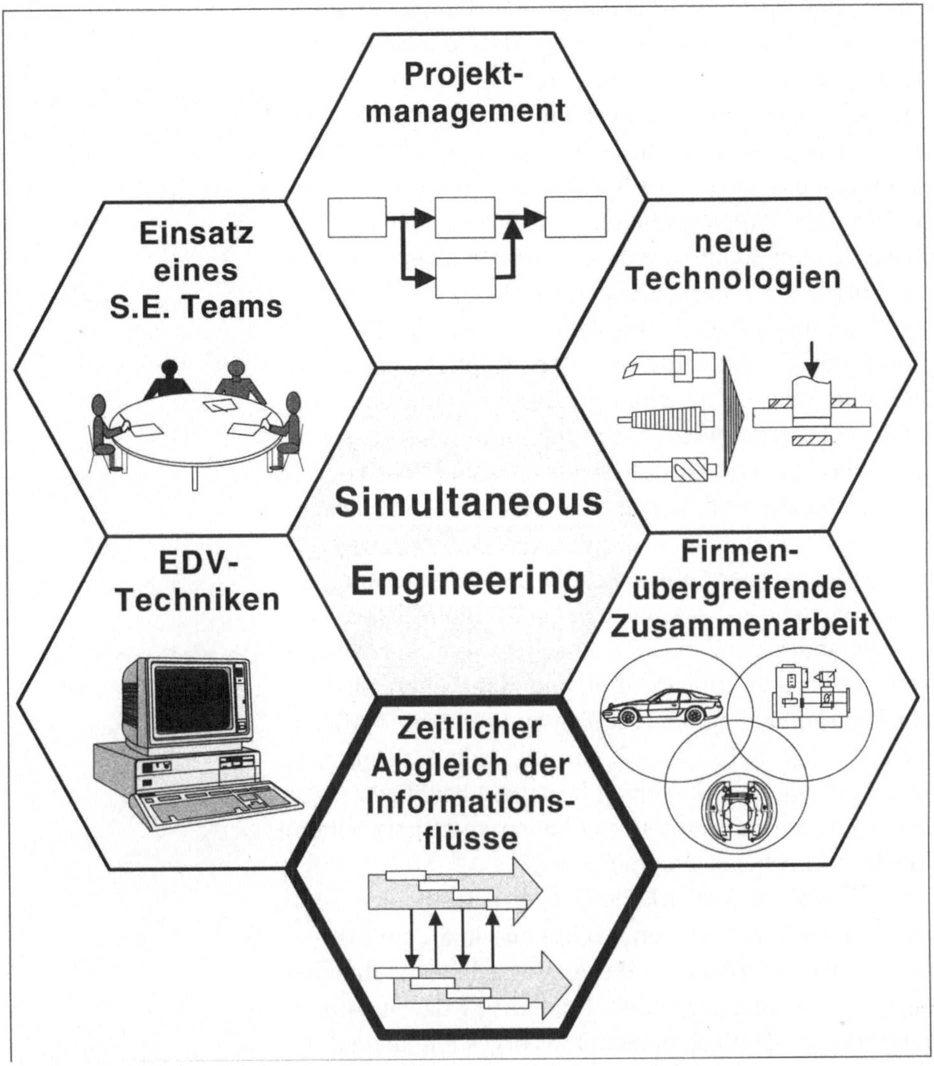

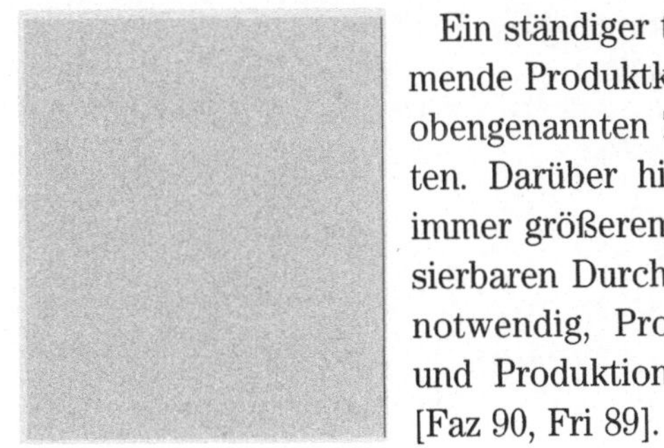

Bild 4.2: Realisierung des Simultaneous Engineering

Ein ständiger technologischer Wandel und eine zunehmende Produktkomplexität verlängern im Gegensatz zur obengenannten Zielsetzung die Produktentwicklungszeiten. Darüber hinaus legen die planenden Bereiche in immer größerem Maße die im Produktionsbereich realisierbaren Durchlaufzeiten und Kosten fest. Es ist daher notwendig, Produktentwicklung, Produktionsplanung und Produktion künftig stärker als Einheit zu sehen [Faz 90, Fri 89]. Nicht die Einzelmaßnahme, sondern der umfassende Prozeß der Produktentwicklung als komplexes System muß deshalb in den Mittelpunkt des Gestaltungsinteresses rücken [Sei 90].

Im folgenden wird eine Methodik zur Parallelisierung von Planungsabläufen vorgestellt. Sie verfolgt das Ziel, unternehmensspezifische Maßnahmen zur Neustrukturierung der Planungsabläufe abzuleiten. Diese Neustrukturierung kann sowohl die Durchlaufzeit als auch die Kosten oder die Qualität des gesamten Planungsprozesses beeinflussen. Im weiteren liegt der Schwerpunkt der Betrachtung bei den Möglichkeiten, die Durchlaufzeit zu verringern. Hierzu müssen Maßnahmen ergriffen werden, die den unternehmensspezifisch vorhandenen Gestaltungsspielraum berücksichtigen. Ausgangspunkt hierfür sind existierende Schwachstellen.

Generell darf der Aufwand für Rationalisierungsprojekte im Bereich der Organisation nicht unterschätzt werden. Veränderungen in der Aufbauorganisation sowie im Verhalten von Führungskräften und Mitarbeitern sind oft nur mühsam und auf längere Zeit zu erreichen. Maßnahmen, die sich auf Produktkonzepte, Ablauforganisation oder Sachmittelbereitstellung beziehen, benötigen meist kürzere Umsetzungszeiten und haben kurzfristig höhere Erfolgswahrscheinlichkeiten [Sch 88].

Den positiven Auswirkungen der zu treffenden Maßnahmen als Nutzen stehen direkte und indirekte Kosten, die mit der Durchführung dieser Maßnahmen verbunden sind, als Aufwand gegenüber. Unabhängig davon wird im folgenden ein Maßnahmenkatalog vorgestellt, der auf die wichtigsten Einflußgrößen der Produktentwicklung ausgerichtet ist. Die Einflußfaktoren lassen sich in fünf Bereiche untergliedern, die für eine Verkürzung der Entwicklungszeiten von Bedeutung sind [Rei 90]:

- Produktanforderungen und -konzept,
- Entwicklungsorganisation (Aufbau- und Ablauforganisation),
- Information und Kommunikation,
- Sachmittel,
- Führung und Mitarbeiter.

Zunächst wird jedoch beschrieben, wie die jeweils durchzuführenden Maßnahmen ermittelt werden können.

4.2 Gestalten der Ablauforganisation

Die Vorgehensweise beinhaltet eine strukturierte Reihenfolge von aufeinander aufbauenden Einzelschritten, die in ihrer Gesamtheit die Methodik zur Parallelisierung von Planungsabläufen bilden. Diese Methodik sollte immer von einem Team angewendet werden, das aus Mitarbeitern verschiedener Bereiche besteht, die an der Produktentwicklung beteiligt sind. Im einzelnen läßt sich die Methodik in vier Hauptschritte unterteilen (Bild 4.3).

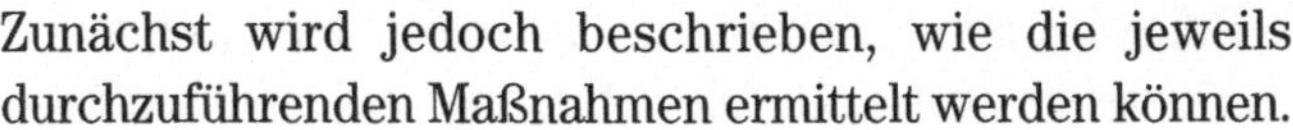

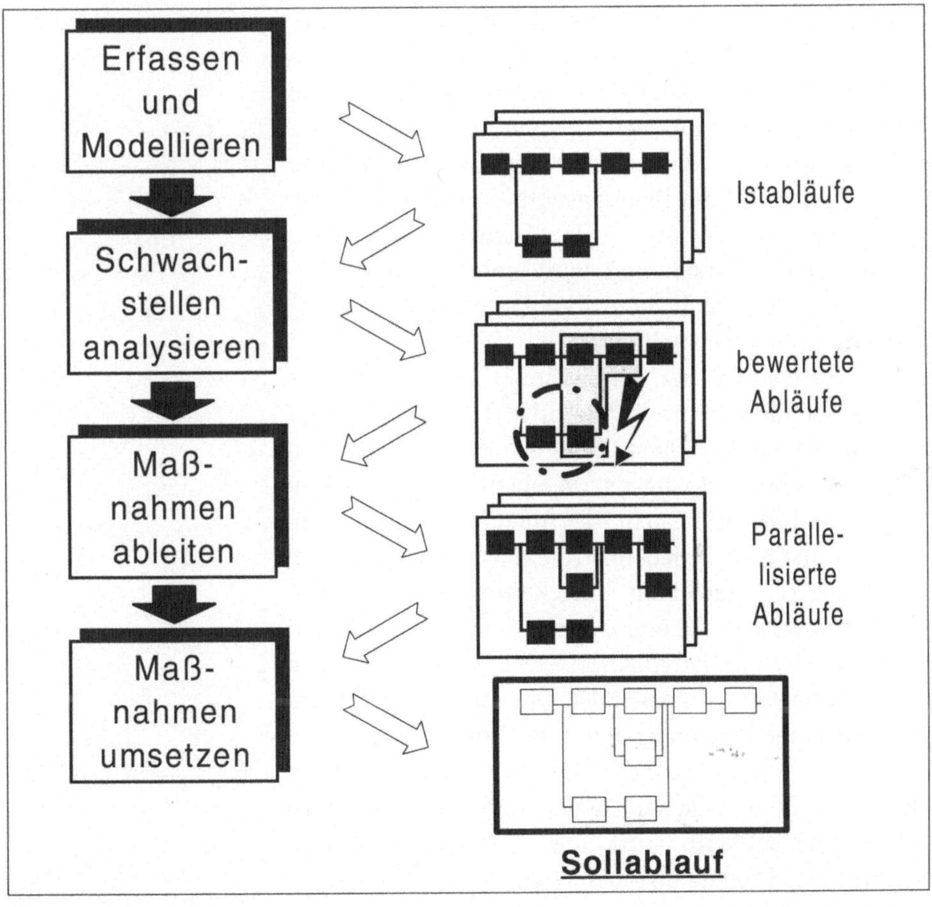

Bild 4.3: Gestaltung der Ablauforganisation

1. Erfassung und Modellierung aller relevanten Informationen des Ist-Zustandes. Die Erfassung der Planungsabläufe kann mittels Interviews und Strukturplänen erfolgen und führt zur Bildung von Vorgangslisten, in denen die einzelnen Planungsvorgänge aufgeführt werden. Daraus ergibt sich ein Netzwerk, in dem Zeitfolgen, Zeitdauern und informationsbedingte Abhängigkeiten der Planungsvorgänge abgebildet werden.

2. Schwachstellenanalyse des Ist-Zustandes und Bewertung anhand charakteristischer Kenngrößen des Produktentwicklungsprozesses. Speziell die Bewertung im Hinblick auf parallelisierungsrelevante Kenngrößen stellt eine Basis dar, die einen Vergleich der Planungsabläufe untereinander ermöglicht.

3. Ableitung der Maßnahmen zur Parallelisierung nach informationslogischen Gesichtspunkten aus der Bewertung mehrerer Projekte. Es werden mehrere alternative Maßnahmenkomplexe gebildet, die daraufhin überprüft werden können, inwieweit sie die geforderten Ziele der Methodik, speziell die Parallelisierung der Planungsabläufe, erfüllen. Durch Prognose und Bewertung der Auswirkungen dieser alternativen Maßnahmen wird unter Berücksichtigung der entsprechenden Randbedingungen die optimale Lösung gewählt.

4. Die Umsetzung der Maßnahmen beinhaltet, daß zunächst die rein projektspezifischen Angaben standardisiert werden. Dadurch wird vermieden, daß man Abläufe optimiert, die nur in einem Projekt auftauchen. Ziel ist es vielmehr, die Abläufe neu zu strukturieren, die sich in jedem Projekt wiederholen. Dazu müssen die einzelnen Tätigkeiten projektneutral benannt werden. Es ergibt sich dann das Potential zur Verkürzung der Durchlaufzeit, das in allen Projekten gleichermaßen vorhanden ist. Die Umstrukturierungsmaßnahmen können jetzt durchgeführt werden.

Der so ermittelte Sollablauf bzgl. einer Umstrukturierung der Planungsabläufe wird unter Einbeziehung aller betrachteten Produktentwicklungen in einem „produktneutralen Entwicklungsplan" dokumentiert. Aufbau und

Einführung dieses Planungshilfsmittels werden im folgenden beschrieben.

4.3 Erfassen und Modellieren der jetzigen Abläufe

An die Modellierung der Planungsabläufe werden verschiedene Anforderungen gestellt. Im wesentlichen müssen drei Datengruppen mit Hilfe der Methodik dargestellt werden. Zunächst ist die Ablaufstruktur mit den Planungsvorgängen und den hierfür erforderlichen Ressourcen sowie den Zeiten der Vorgangsbearbeitung abzubilden. Die nächste Datengruppe sind die Iterationsschleifen, die dem zeitlichen Ablauf von Planungsvorgängen entgegengerichtet sind und zusätzliche Zeiten der Vorgangsbearbeitung beanspruchen. Zuletzt sind die Planungsinformationen zu nennen, die die Ein- und Ausgangsgrößen jedes Planungsvorganges sind und durch die u. a. eine Planungsaktivität angestoßen wird.

Die Methodik soll einen Abgleich und eine Analyse der zeitlichen und der sachlich/logischen Abhängigkeiten von Planungsstrukturen ermöglichen. Es sind daher sowohl zeitliche Anordnungsstrukturen als auch informationslogische Zusammenhänge abzubilden.

Dem gegenüber resultiert aus der Forderung der praxisorientierten Anwendungsmöglichkeit der Methodik das Bestreben, auf möglichst bekannte Methoden zur Darstellung und Analyse zurückzugreifen. Durch die Kombination und Modifikation der weitverbreiteten Netzplantechnik mit ausgesuchten Darstellungselementen der Methode „Structured Analysis" wurde dies erreicht.

Ein Vergleich dieser Methoden zeigt, daß die Stärke der Netzplantechnik in der Darstellung der zeitlichen Ablaufstruktur liegt, wie sie für die hier vorliegende Problemstellung erforderlich ist. Mit der Methode Structured Analysis können in einem Datenflußdiagramm Planungsaufgaben -im Sinne von Prozeßspezifikationen- und die Eingangs- und Ausgangsinformationen der Planungsaufgaben abgebildet werden [Mar 79, Hru 88]. Somit werden mit beiden Methoden Planungsvorgänge, jedoch hinsichtlich unterschiedlicher Zielsetzungen, beschrieben.

Eine Kombination beider Methoden bietet sich durch eine gemeinsame Modellierung der Planungsvorgänge an. Zur Abbildung der Planungsinformationen werden die Abhängigkeiten zwischen den Vorgängen mit Hilfe von Datenflußdiagrammen modelliert. Die Beschreibung der einzelnen Datenflüsse erfolgt in einem Datenkatalog. Die Verbindung der Methoden erfolgt dadurch, daß jede Prozeßspezifikation durch einen Vorgang des Netzwerkes dargestellt wird. Auf Datenspeicher und eine besondere Darstellung von Knoten als externe Schnittstelle wird verzichtet (Bild 4.4).

Beide Methoden erfüllen auch die Anforderung an eine einfache und universelle Anwendbarkeit für unterschiedliche Produktentwicklungsprojekte. Der Bekanntheitsgrad der methodischen Ansätze ist ein Indiz für das in den Unternehmen vorhandene Grundverständnis der jeweili-

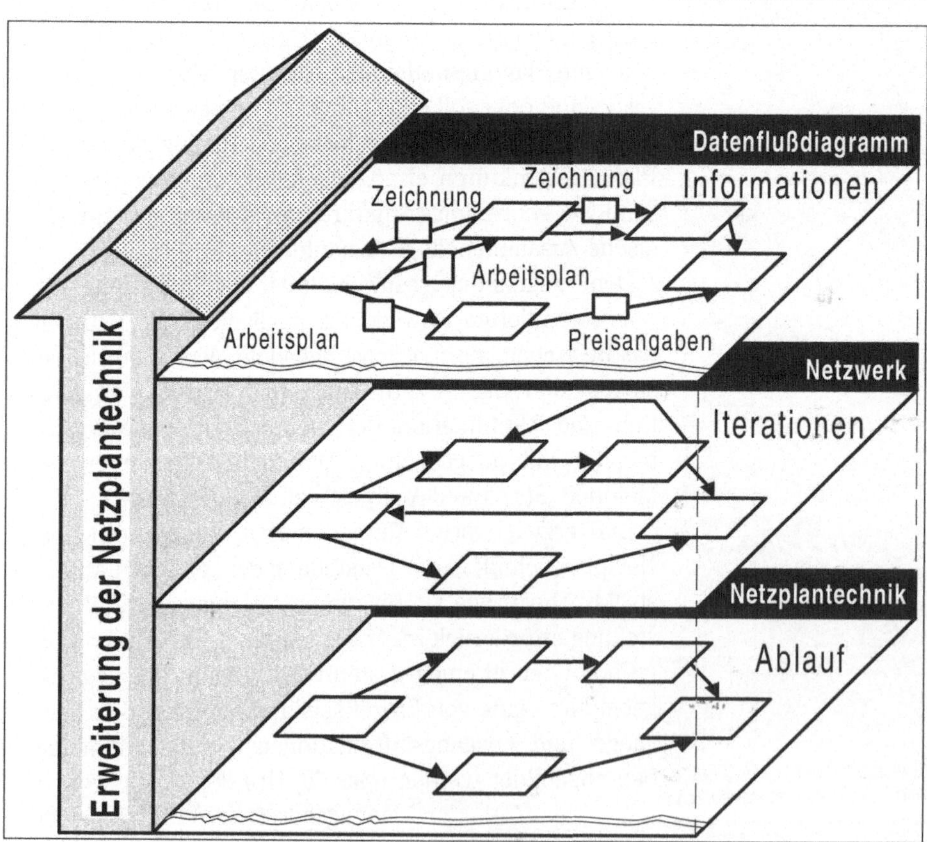

Bild 4.4: Darstellungsmodell der Methodik

gen Methodenanwendung, welches den Einsatz der Methodik zur Parallelisierung von Planungsabläufen wesentlich erleichtert. Die Netzplantechnik wird in vielen Unternehmen, insbesondere im Rahmen des Projektmanagements zur Terminplanung und -steuerung, eingesetzt, und die Methode Structured Analysis hat zumindest in den USA mit 45% Verbreitungsgrad einen Defacto-Industriestandard unter allen Spezifikations-Methoden [Mar 79, Hru 88, Scw 90].

Da mit der konventionellen Netzplantechnik Iterationsschleifen nicht dargestellt werden können, ist diese Methode hinsichtlich der Abbildung von Iterationsschleifen erweitert worden. Aufgrund der Möglichkeit, Maschen abzubilden, spricht man in diesem Zusammenhang von Netzwerken, die eine Untermenge der Darstellungstechniken der Graphen sind. Unter dem Begriff des Graphen sind diejenigen Techniken zusammengefaßt, welche die Elemente der Darstellung als Knoten und deren Beziehungen untereinander als Kanten darstellen [Jae 77].

Durch diese Methodenkombination wurde das in Bild 4.4 dargestellte 3-Ebenenmodell abgeleitet.

Die unterste Beschreibungsebene ist die Modellierung der Ablaufstruktur mit der Netzplantechnik, wobei die Modellsyntax im folgenden noch beschrieben wird. In der nächsten Ebene wird der Netzplan um Iterationsschleifen ergänzt und somit ein Netzwerk aufgebaut. Die oberste Ebene enthält die Darstellung der Ein- und Ausgangsinformationen zwischen den einzelnen Vorgängen des Netzwerkes.

Aus dieser Synthese ergibt sich die in Bild 4.5 dargestellte Modellsyntax. Jedem Vorgang werden beschreibende Zeitanteile und die den Vorgang ausführende Ressource zugeordnet. Die Ressourcenzuordnung ist abhängig vom gewünschten Detaillierungsgrad. Durch eine Detaillierung bis auf die ausführende Person kann eine Parallelisierung von Aufgaben innerhalb eines Planungsbereiches erfolgen. Allerdings wird hier nach eigenen Erfahrungen der Modellierungsaufwand sehr hoch. Des weiteren wird durch eine personifizierte Darstellung eine neutrale und sachliche Darstellung eines Ist-Zustandes erschwert. Daher ist bei der Ressourcenabbildung die Qualifikation in den Vordergrund zu stellen.

Die Anordnungsbeziehungen der einzelnen Vorgangselemente untereinander sind durch ablauflogische Beziehungen definiert. Diese Relationen, in einem Netzwerk auch als Kanten bezeichnet und in Form von Pfeilen dargestellt, repräsentieren die Vorgänger-/Nachfolgerbeziehung der Vorgänge untereinander. Ein Vorgang weist dadurch auf ein nächstes Vorgangselement in der Ausführungsreihenfolge hin. Insgesamt setzen sich diese Strukturen aus vier Grundstrukturen zusammen, die sich durch Verzweigungen und Rückführungen (Iterationen) voneinander unterscheiden.

In der Praxis läßt sich diese Aufnahme des Ist-Zustandes unter zwei Blickwinkeln betrachten (Bild 4.6). Es ist festzulegen, was zu erfassen und wie es darzustellen ist.

Bei der Erfassung des Ist-Zustandes muß zunächst jeder einzelne Vorgang der Produktentwicklung berück-

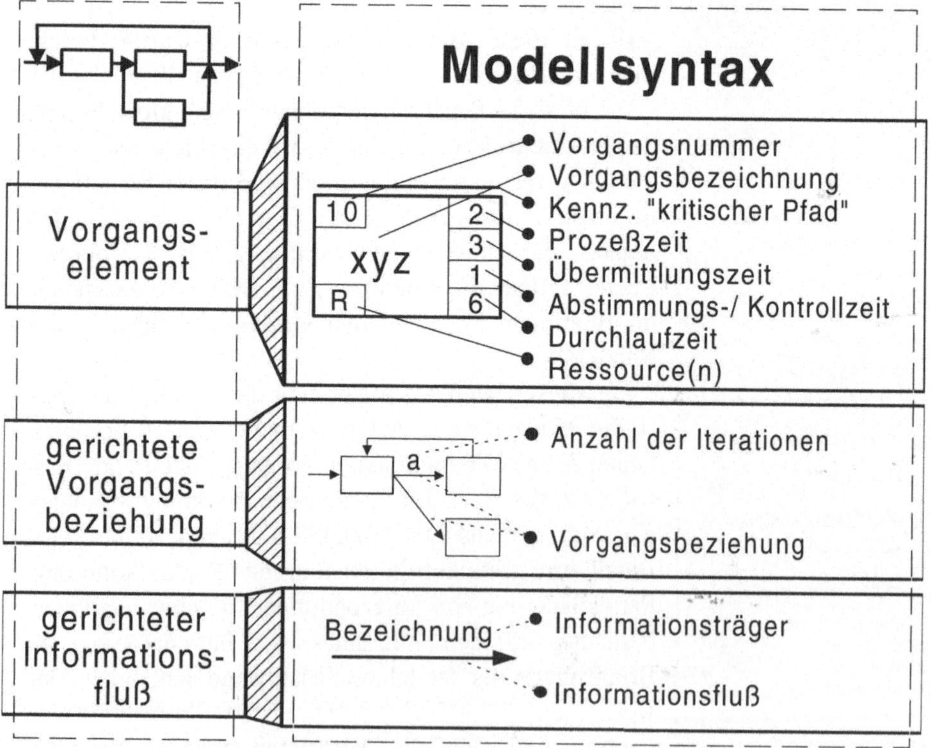

Bild 4.5: Modellsyntax der Modellierung

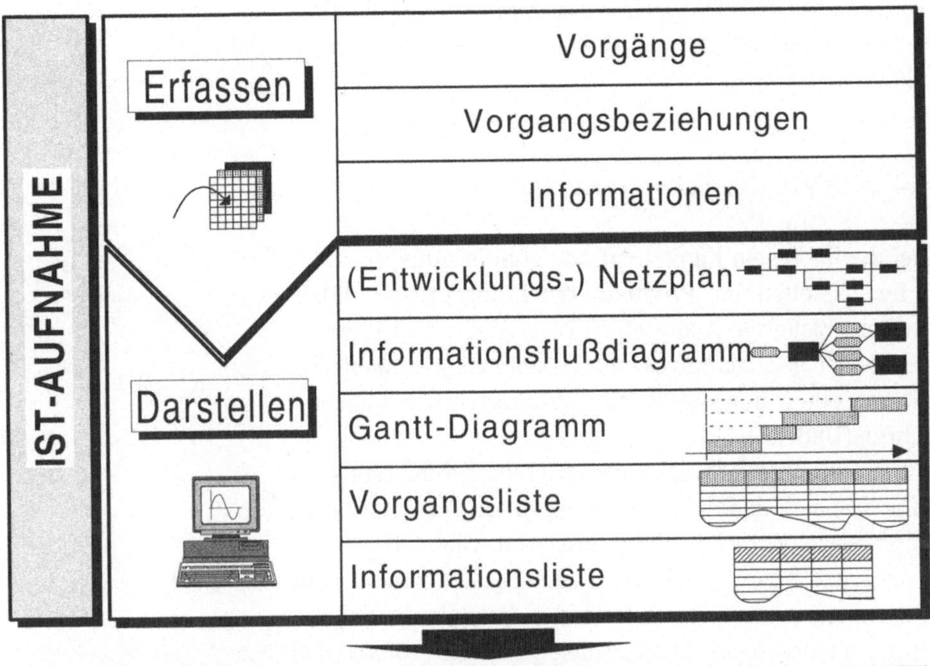

Bild 4.6: Ablauf der Ist-Aufnahme

• Ist-Abläufe weisen Potentiale zur Parallelisierung von Vorgängen auf

sichtigt werden. Dazu ist es erforderlich, neben dem Arbeitsinhalt und der benötigten Dauer auch die beteiligten Abteilungen bzw. Ressourcen aufzunehmen.

In einem weiteren Schritt werden dann die Vorgänge untereinander in Beziehung gebracht. Dazu sind die Eingangs- und Ausgangsinformationen der einzelnen Vorgänge zu erfassen. Zusätzlich wird festgehalten, zu welchen Zeitpunkten Vorabinformationen bereitgestellt und wo diese genutzt werden. Darüber hinaus müssen die einzelnen Informationen aufgenommen und den entsprechenden Vorgängen zeitlich zugeordnet werden.

Die Darstellungsweise der Abläufe und Vorgänge zielt darauf ab, Potentiale hinsichtlich einer möglichen Parallelisierung von Planungsabläufen direkt erkennen zu können.

Zur Unterstützung der Ist-Aufnahme existiert ein Software-Tool, das z. Z. im Rahmen eines Sonderforschungsbereiches weiterentwickelt wird. Auf einzelne Möglichkeiten zur Darstellung der Abläufe wird in Kap. 4.6 noch näher eingegangen.

4.4 Analyse der Schwachstellen

Ziel der in diesem Kapitel aufgezeigten Ist-Analyse ist es, Schwachstellen im Produktentwicklungsprozeß aufzudecken. Bisherige Analysen in verschiedenen Unternehmen haben gezeigt, daß es eine Vielzahl von Gründen gibt, die zu einer unnötig langen Produktentwicklungszeit führen (Bild 4.7).

Die Güte des Ablaufprozesses einer Produktentwicklung läßt sich unabhängig von einzelnen Schwachstellen durch sechs Kriterien charakterisieren (Bild 4.8).

Je nach Ausprägung dieser Kenngrößen kann eine Verbesserung der Situation in der Produktentwicklung durch entsprechende Maßnahmen erreicht werden. Daher werden diese Kenngrößen im folgenden beschrieben.

• Ist-Abläufe dienen dazu, Schwachstellen aufzuzeigen

• Erforderliche Maßnahmen sind von den Schwachstellen abhängig

Bild 4.7: Schwachstellen in der Produktentwicklung

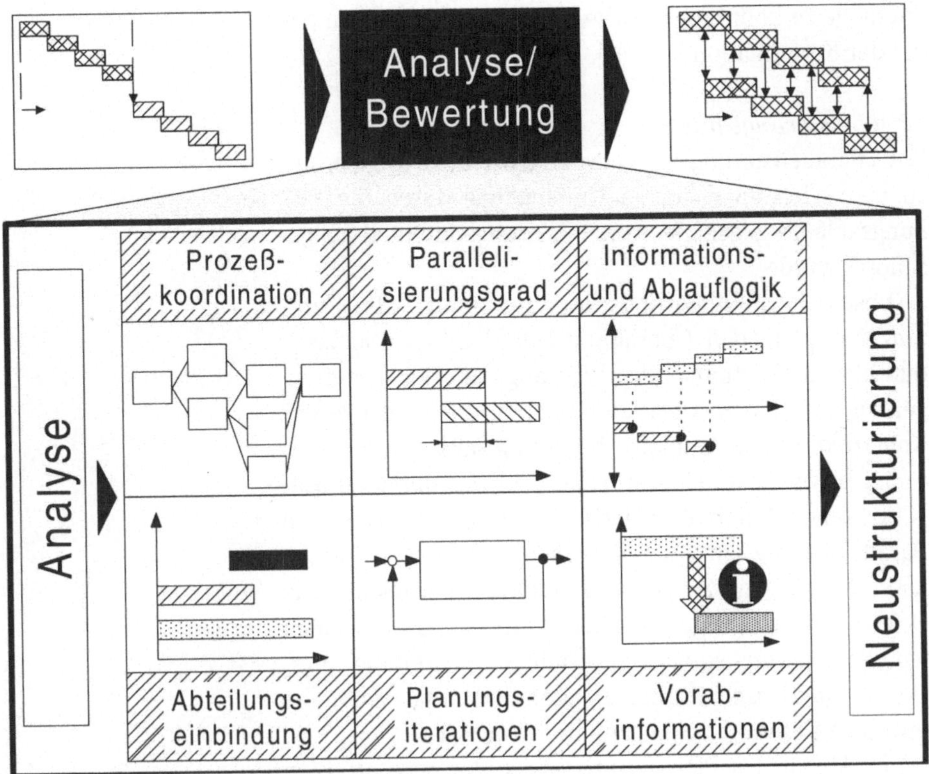

Bild 4.8: Kenngrößen der Produktentwicklung

Prozeßkoordination

Planungsprozesse, die sich durch eine hohe Arbeitsteiligkeit auszeichnen, sind von einer großen Komplexität
geprägt. Um die Aufgaben zu erfüllen, sind diese Planungsvorgänge alle erforderlich. Sie müssen jedoch
durch Entscheidungen in ihrem Ablauf koordiniert werden. Folgende Mechanismen zur Koordination lassen sich
unterscheiden [Gai 83]:

- Hierarchische Einbindung,
- verhaltensverbindliche Regeln oder
- hierarchisch unabhängige Kommunikationsbeziehun-
  gen (Selbstabstimmung).

Je größer die Anzahl der Interdependenzen zwischen den
einzelnen Vorgängen ist, desto aufwendiger ist es, diese

Vorgänge zu koordinieren. Dieses ist unabhängig von der Art der Koordination [Gai 83].

Parallelisierungsgrad

Der „Parallelisierungsgrad" ist eine wichtige Größe, um zu beurteilen, in welchem Umfang das durch die Planungsabläufe gegebene Parallelisierungspotential ausgeschöpft wurde.

Dieses Parallelisierungspotential dient als Referenzgröße, um den Überlappungsgrad der „kritischen", durchlaufzeitbestimmenden Vorgänge zweier Abteilungen zu bestimmen. Dies können z. B. die Vorgänge der Konstruktion und Arbeitsvorbereitung sein.

Ziel ist vor allem eine Aussage über das durchlaufzeitverkürzende Potential zweier Planungsabläufe, das durch Parallelisierung einzelner Vorgänge erschlossen werden kann. Aus diesem Ziel erklärt sich die Forderung, nur die „kritischen" Vorgänge zu betrachten, da nur bei ihnen jede Verzögerung sofort zur Terminüberschreitung führt. Die Summe ihrer Durchlaufzeiten bestimmt dann die jeweilige Gesamtdurchlaufzeit des Prozesses.

Der Ablauf des Planungsprozesses, der dem erfaßten Ist-Zustand entspricht, kann sich dabei -je nach Ausprägung der Parallelisierung der Abläufe- zwei Extremen nähern, dem vollständig sequentiellen Ablauf und einer vollständigen Parallelisierung der Planungsabläufe.

Da die Durchlaufzeit des Gesamtprozesses aus der Summe der jeweils zeitkritischen Vorgangsdauern bestimmt wird, ist eine Verkürzung dieser Zeit in dem Maße zu realisieren, wie es gelingt, die Vorgänge zu parallelisieren. Dabei stellt das Maximum der jeweiligen Durchlaufzeiten eine untere Schranke dar.

Abteilungseinbindung

Im Hinblick auf eine stärkere Parallelisierung der Produktentwicklungsabläufe müssen Abteilungen frühzeitiger in den Produktentwicklungsprozeß einbezogen werden. Dies schließt nicht nur die traditionellen, mit der Entwicklung beauftragten Bereiche, sondern auch entwicklungsfremde Unternehmensbereiche und externe Unternehmen, wie z. B. Zulieferer, mit ein.

Die Bedeutung der Einbindung hängt zusätzlich von der Art der Einbindung ab. Es werden hier die beratende, die mitentscheidende und die eigenständige Planungstätigkeit unterschieden.

Innerhalb des Produktentwicklungsprozesses sind Planungsiterationen durchaus erforderlich. Großen Einfluß auf deren Anzahl und Auswirkungen hat die Einbindung externer Abteilungen in den Planungsprozeß. Die bestimmenden Größen sind hier das Ausmaß und die Art dieser Einbindung. Daher steht die Einbindung externer Abteilungen auch in direktem Zusammenhang mit dem Ausprägungsmerkmal „Planungsiterationen".

Planungsiterationen

Planungsiterationen sind Bestandteil jeder komplexeren Planung. Sie sind notwendig, um Änderungen aufgrund von Anforderungen, die sich erst im Verlauf oder aber auch nach Abschluß des Produktplanungsprozesses ergeben, in den Planungsergebnissen vornehmen zu können. Abgesehen von den notwendigen Iterationsschleifen existieren jedoch viele Planungsiterationen aufgrund verspäteter, fehlerhafter oder nicht berücksichtigter Anforderungen. Diese Iterationen bilden einen großen Teil des vermeidbaren Entwicklungsaufwandes der Unternehmen [Bul 90, Bul 91b, Sau 88] und sind insbesondere bei der Neuplanung eines Produktes ausgeprägt [Luc 90]. Aus diesem Grund sollten im Verlauf von Neustrukturierungen Planungsiterationen möglichst vorteilhaft in den Planungsprozeß integriert werden. Dies setzt in der Regel eine Reduzierung der Anzahl der Iterationen voraus.

Nutzungsgrad der Vorabinformationen

Vorabinformationen sind die Informationen, die bereits vor ihrer endgültigen Festschreibung zumindest zum Teil für nachfolgende Planungsvorgänge genutzt werden können. Der Nutzen der Bereitstellung dieser Informationen resultiert aus der Möglichkeit, Teilvorgänge aus dem „kritischen" Pfad auszulagern und damit die Durchlaufzeit des Gesamtprozesses direkt zu verkürzen. Der Nutzwert der Informationen ist dabei -bezogen auf zwei Vorgänge-

um so höher zu bewerten, je früher der erzeugende Vorgang dem Nachfolger die Vorabinformation zur Verfügung stellen kann [Wed 87].

Über den Vorteil der direkten Zeitreduzierung hinaus ist anzumerken, daß durch die frühzeitige Übermittlung von Planungsinformationen die Chancen der Entdeckung möglicher Planungsfehler vergrößert werden. Zusätzlich wird es dadurch einfacher, sich neu ergebende Anforderungen bzw. bestehende Anforderungen, die bisher noch nicht berücksichtigt wurden, zu erkennen.

Informations- und Ablauflogik
Bei der Produktentwicklung ist neben den Abläufen auch die logische Reihenfolge der Informationen zu betrachten. Beides muß aufeinander abgestimmt werden. Die Reihenfolge ergibt sich aus der Verknüpfung der Vorgänge mit erzeugten sowie benötigten Informationen. Ziel und Aussage des Kriteriums „Informations- und Ablauflogik" bestehen darin, den Grad der Übereinstimmung zu ermitteln.

Negativ zu bewerten ist es, wenn Informationen von dieser Logik abweichen. Abweichungen in diesem Sinne sind zu spät genutzte Informationen. So verlieren Planungsinformationen an Aktualität, wenn die Zeitpunkte zwischen Festschreibung und Nutzung nicht aufeinanderfolgen.

Für eine aussagekräftige Analyse sind die Planungsabläufe daher in einem ausreichenden Detaillierungsgrad zu modellieren. Pro modelliertem Vorgang sollte möglichst nur ein Informationsträger erzeugt bzw. benötigt werden.

Auf Basis dieser vorgestellten Kenngrößen können die Planungsabläufe analysiert und bewertet werden. Je nach Ausprägung der verschiedenen Kenngrößen stehen Maßnahmen zur Verfügung, die eine Neustrukturierung im Sinne der Parallelisierung der Planungsabläufe unterstützen.

4.5 Maßnahmen ableiten und umsetzen

Das Ziel der Anwendung der Methodik zur Parallelisierung von Planungsabläufen ist die Ableitung unternehmensspezifischer Maßnahmen zur Neustrukturierung der Planungsorganisation. Diese Neustrukturierung soll vor allem eine Verringerung der Durchlaufzeit des gesamten Planungsprozesses bewirken. Die hierzu notwendigen Maßnahmen müssen im Rahmen der im jeweiligen Unternehmen vorhandenen Gestaltungsspielräume und unter Berücksichtigung existierender Schwachstellen durchgeführt werden.

Der Aufwand für Rationalisierungsprojekte im Bereich der Organisation ist generell nicht unerheblich. Um aufbauorganisatorische Maßnahmen wirkungsvoll umzusetzen, müssen Führungskräfte und auch Mitarbeiter von den Maßnahmen überzeugt sein und deren Umsetzung aktiv unterstützen. Maßnahmen, die sich auf Produktkonzepte, Ablauforganisation oder Sachmittelbereitstellung beziehen, benötigen meist kürzere Umsetzungszeiten und führen mitunter eher zum Erfolg [Sch 88].

Der im folgenden vorgestellte Maßnahmenkatalog ist so aufgebaut, daß jede Einzelmaßnahme den zuvor aufgeführten Einflußfaktoren zugeordnet wurde (Bild 4.9). Der Schwerpunkt der aufgeführten Maßnahmen liegt auf der Herleitung eines ablauforganisatorischen Sollzustandes. Als Basis dienen hierbei die Informationsbeziehungen im Entwicklungsablauf.

In den frühen Phasen der Produktentwicklung muß die Menge aller möglichen Lösungen für die im Lastenheft geforderten Funktionseigenschaften des Produktes im Vordergrund stehen.

Diese Lösungsvielfalt muß während der Konzeptphase eingeschränkt werden. Dies erfolgt durch das Erstellen eines gemeinsamen Lösungskonzeptes. Die Ergebnisse werden in einem bereichsübergreifenden Pflichtenheft dokumentiert. Dabei sind insbesondere auch die Anforderungen der Bereiche in das Lösungskonzept einzuarbeiten, die der Produktplanung nachgelagert sind. Des weiteren ermöglicht eine frühzeitige modulare Strukturierung des Produktes die Festlegung von unabhängig und damit parallel durchführbaren Entwicklungsaufgaben. Damit die Entwicklungsergebnisse zu einer gemeinsamen Produktlösung gebündelt werden können, sind bereits frühzeitig Schnittstellen zwischen den einzelnen Modulen zu definieren.

Eine Beeinflussung der Aufbauorganisation der Produktentwicklung ist durch den Abbau „steil" gegliederter Hierarchien mit vielen Hierarchiestufen gegeben. Selbst in kleineren mittelständischen Unternehmen gibt es heute oft fünf bis sieben Hierarchiestufen - in großen Unternehmen sogar bis zu zwölf [Sau 88]. Durch eine solche Gliederung und die damit verbundene Trennung zwischen Verantwortung, Entscheidungs- und Bearbeitungskompetenz ist eine rasche und offene Kommunikation behindert. Die Ergebnisse dieser Art der Gliederung sind zum einen Reibungsverluste an den zahlreichen Abtei-

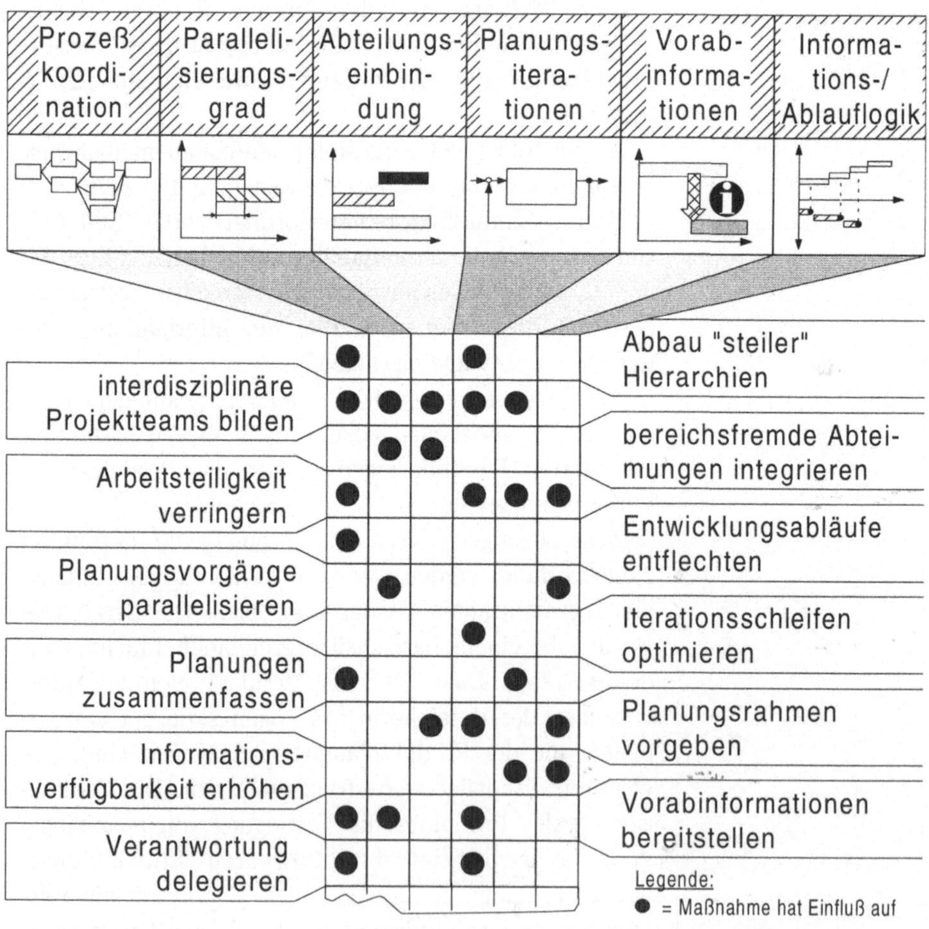

Bild 4.9: Maßnahmenkatalog

lungs- und Bereichsgrenzen und zum anderen Kompetenz-
überschneidungen bzw. kompetenzfreie Räume.

Hier hilft eine „flache", im Idealfall dreistufige Organisation (Leitungsebene, Koordinationsebene und operationa-
le Ebene) [Sau 88]. In Verbindung mit einer geringeren
Arbeitsteilung erlaubt sie eine offene, nicht durch Bereichsgrenzen behinderte Kommunikation der an der Planung beteiligten Mitarbeiter. Weitere Vorteile dieser Maßnahme sind [Zäp 89]:

- Ausweitung des Verantwortungsbereiches der Mitar-
  beiter,
- Tendenz zu geschlossenen Aufgabenvollzügen,
- Spielraum für die Auswahl von Maßnahmen zur
  Zielerreichung,
- Abbau von Kontrollen bei Aufrechterhaltung der
  Rechenschaftspflicht und
- Bereitstellung von Informationen zur Einordnung der
  eigenen Tätigkeit in den Gesamtzusammenhang des
  Produktentwicklungsprozesses.

Verbunden mit dem Abbau von „steilen" Hierarchien ist
die effizientere Aufgabenbearbeitung durch sach- und
entscheidungskompetente Teams. Diese sollten sich aus
Mitgliedern der an der Planung beteiligten Fachbereiche
zusammensetzen. Auf der Ebene dieser Teams ist eine
Aufgabenkoordination   mittels   kommunikativer
Selbstabstimmung wirkungsvoll möglich. Hierdurch können bei der Bearbeitung von Planungsinformationen
erhebliche Verkürzungen erreicht werden. Dieses ist auf
das Vermeiden von unnötigen Liege-, Abstimmungs- und
Kontrollzeiten zurückzuführen.

Das S.E.-Team setzt sich aus Mitarbeitern verschiedener Fachbereiche zusammen. Vorrangig sollten Fachleute aus den Bereichen der Produktgestaltung und der
Produktionsmittelplanung in dieser Gruppe mitwirken.
Bei der Einbeziehung von externen Teilnehmern muß die
Zusammenarbeit auf einer vertrauensvollen Basis erfolgen, da der Hersteller des Produktes frühzeitig seine Pro-
duktideen einem außerbetrieblichen Unternehmenskreis
zugänglich macht.

Darüber hinaus wird bei der Bildung eines S.E.-Teams zwischen einer festen und einer variablen Zusammensetzung der Gruppe unterschieden. Bei der variablen Zusammensetzung werden zu einem Kern von Teammitgliedern Fachleute entsprechend der aktuellen Problemstellung hinzugezogen.

Gegenüber der temporär wechselnden Besetzung bietet die feste Besetzung erhebliche Vorteile, da alle Teilnehmer beim Projektstart von dem gleichen Kenntnisstand ausgehen und während des Verlaufes alle Informationen zur selben Zeit erhalten.

Die Teammitglieder können sowohl aus internen Abteilungen als auch aus unternehmensexternen Abteilungen (z. B. Entwicklungsabteilung des Zulieferers oder Produktionsmittelherstellers) stammen. Durch die frühzeitige Nutzung dieses „externen" Know-hows können wesentliche Vorteile im Produktrealisierungsprozeß erzielt werden [Ev 89, Pis 91]. Beispiele hierfür sind etwa die rechtzeitige Definition verbindlicher Anforderungen und Restriktionen sowie die Möglichkeit, die auf dem Wege der Produktrealisierung entstehende Lösungsvielfalt einzuschränken, indem Lösungskonzepte nebeneinandergestellt und verglichen werden.

- Zulieferer sind in die Teams einzubinden

Das S.E.-Team muß in die Ablaufstruktur des Unternehmens integriert werden. Dabei zeigt sich sehr häufig, daß sich die gegenwärtigen, stark arbeitsteiligen Planungsabläufe in den Unternehmen durch eine hohe Komplexität auszeichnen. Durch diese Komplexität werden häufig Planungsfehler verursacht, die auf mangelnde oder falsche Anforderungen an die Planungsergebnisse oder lange Liegezeiten der Planungsinformationen zurückzuführen sind. Es kommt zu Entwicklungsverzögerungen aufgrund von Störungen, Planungsiterationen oder aufwendiger Prozeßkoordination.

- Das Team muß in die Abläufe eingebunden werden

Eine wichtige Maßnahme, um die Planungskomplexität zu reduzieren, besteht darin, die Arbeitsteiligkeit im Planungsprozeß zu verringern. Erforderlich hierfür ist eine Arbeitsbereicherung (job enrichment) der an der Bearbeitung der Planungsaufgaben beteiligten Mitarbeiter. Arbeitsbereicherung bedeutet, strukturell verschiedene Arbeitsinhalte -vor allem auch in bezug auf planende und

- Tätigkeiten sind zu erweitern und Entscheidungsspielräume zu erhöhen

koordinierende Aufgaben- in einer größeren Handlungseinheit zusammenzufassen. Den Beschäftigten sollen Aufgaben mit höheren Qualifikationsanforderungen und größeren Dispositionsspielräumen übertragen werden.

Hiermit ist nicht nur ein erweiterter Tätigkeits-, sondern auch ein umfassenderer Entscheidungsspielraum gemeint. Über die Förderung von Eigenverantwortlichkeit und Selbstkontrolle des Einzelnen kann mit einer solchen Arbeitserweiterung die Grundlage für gleichzeitige und dadurch abstimmungsreduzierte Planungstätigkeiten geschaffen werden.

Der Komplexitätsgrad in der Produktentwicklung kann weiterhin durch eine Entflechtung von Entwicklungsabläufen für verschiedene Produkte reduziert werden. Dies hat den Vorteil, daß produktspezifisches Wissen gebündelt für den jeweiligen Entwicklungsprozeß zur Verfügung steht.

• Inhaltlich abhängige und unabhängige Vorgänge sind zu parallelisieren

Soweit wie möglich sollte eine parallele Bearbeitung einzelner Planungsaufgaben innerhalb des Produktrealisierungsprozesses erfolgen. Die Möglichkeit der Parallelbearbeitung ist von zeitlichen und/oder inhaltlichen Voraussetzungen abhängig. Inhaltlich voneinander unabhängige Vorgänge lassen sich grundsätzlich dann parallelisieren, wenn die zu ihrer Bearbeitung eingesetzten Ressourcen (Personal, Sachmittel usw.) zeitlich unabhängig voneinander in den Prozeß eingebunden werden können. Dies ist normalerweise nicht der Fall, da infolge der oftmals mit anderen Entwicklungsabläufen verketteten Vorgangsbearbeitung sowie existierender Kapazitätsengpässe zeitliche Restriktionen hinsichtlich des Ressourceneinsatzes gegeben sind.

• Informationsflüsse geben Hinweise auf Potentiale zur Parallelisierung

Zur Parallelisierung von Vorgängen bzw. Vorgangsfolgen ist deshalb im Einzelfall zu prüfen, ob und unter welchen Bedingungen die Vorgangsbearbeitung inhaltlich und zeitlich unabhängig gestaltet werden kann. Ansatzpunkte zur Realisierung von Parallelbearbeitungen ergeben sich insbesondere aus der Betrachtung der Informationsflüsse zwischen den eingesetzten Ressourcen der Produktentwicklung (Bild 4.10).

Wenn Vorgänge nicht vollständig zu parallelisieren sind, ist zumindest eine zeitliche Überlappung der Vorgänge

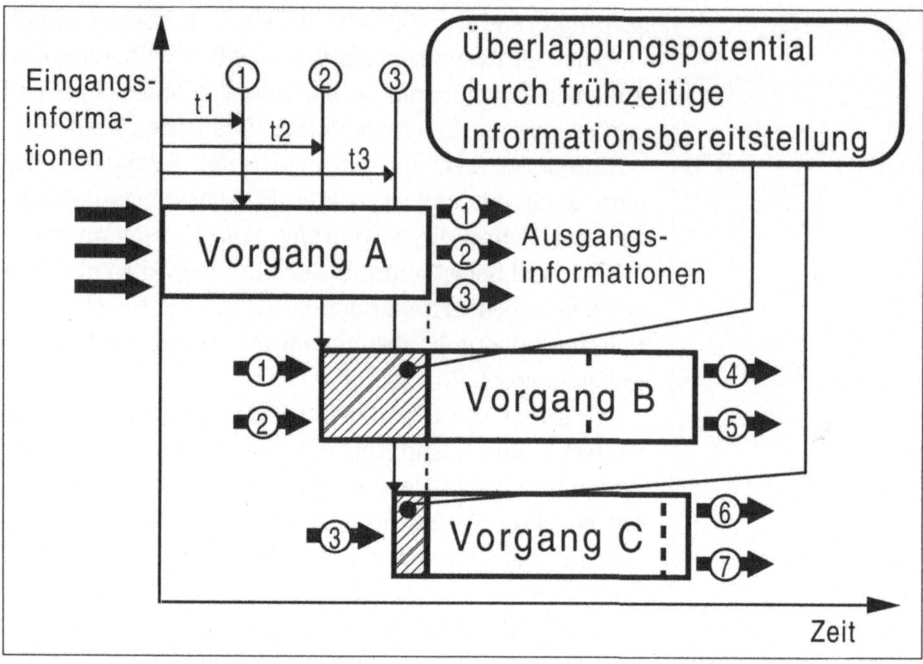

Bild 4.10: Parallelisierung von Planungsvorgängen durch frühzeitige Informationsbereitstellung

anzustreben. Die Überlappung kann in vielen Fällen oftmals durch eine teilweise inhaltliche Entkopplung der Vorgänge, z. B. durch die Bereitstellung von Vorabinformationen, verwirklicht werden.

Wenn die Informationen schon direkt nach ihrer Erzeugung bereitgestellt werden, können nachfolgende Planungen (im Beispiel die Planungsvorgänge B und C) früher gestartet werden. Das Parallelisierungspotential ist im Bild 4.10 durch den schraffierten Bereich kenntlich gemacht.

Die Optimierung von Iterationsschleifen zielt zunächst auf eine Reduzierung aufwendiger Planungsvorgänge, die einen erheblichen zeitlichen und inhaltlichen Aufwand nach sich ziehen. Dies ist über eine verringerte Anzahl von Planungsvorgängen, die bei erforderlichen Änderungen erneut bearbeitet werden müssen, zu erreichen. Dazu müssen die Planungsergebnisse den existierenden Anforderungen gegenübergestellt werden.

Damit die Durchlaufzeit der Planungsprozesse so wenig wie möglich durch diese eingeplanten Schleifen verlängert

• Gezielt geplante Iterationen reduzieren den Gesamtaufwand für die Planung

wird, sind diese Planungsiterationen außerhalb des „kritischen" Pfades anzuordnen. Die Gefahr zu spät entdeckter Fehler bzw. nicht berücksichtigter Produktanforderungen kann auf diese Weise erheblich verringert werden.

Auf die Qualität der Planungsergebnisse wirken sich Maßnahmen günstig aus, die den zeitlichen Planungsablauf mit dem Informationsfluß abstimmen. Die ablaufbedingt verspätete oder verfrühte Erzeugung von Informationen durch Vorgänge kann auf diesem Weg minimiert werden.

Die Planungseinheiten sollten auch räumlich möglichst nahe aneinander angeordnet sein, da nach Studien des Massachusetts Institute of Technology (MIT) 80% aller realisierten Ideen in Forschung und Entwicklung im persönlichen Gespräch der Beteiligten über Abteilungs- und Zuständigkeitsgrenzen hinweg entwickelt werden [Pre 90]. Diese Gespräche kommen jedoch -laut Studie- nur dann zustande, wenn die Gesprächspartner nicht mehr als fünfzig Meter überbrücken müssen.

Eine sehr wichtige Maßnahme zur Verringerung der Planungskomplexität ist die Vorgabe eines informationslogischen Planungsrahmens in Form eines Entwicklungsplans. Dieser Entwicklungsplan, der aus dem Fluß der strukturbildenden Planungsinformationen und den entsprechenden Transformationen aufgebaut ist, ermöglicht eine Planung, Koordination, Kontrolle und Steuerung des Entwicklungsablaufes. Ziel dieser Maßnahme ist es nicht, die Kreativität der an dem Entwicklungsprozeß beteiligten Mitarbeiter einzuschränken, sondern vielmehr eine Unterstützung der Entwicklungsarbeit durch die Transparenz der Ablaufstrukturen zu ermöglichen. Die Transparenz der Abläufe kann erhöht werden, indem den Mitarbeitern der Planungsbereiche die Einordnung ihrer Tätigkeiten in den Gesamtprozeß ermöglicht wird. Zusätzlich sollten ihnen die Abhängigkeiten und der Einfluß ihrer Planungsergebnisse bezüglich anderer Planungsvorgänge verdeutlicht werden. Auf diese Maßnahme wird ausführlich im weiteren Verlauf dieses Kapitels sowie in Kap. 4.6 eingegangen.

Mit einer Delegation von Verantwortung und Entscheidungskompetenz an Mitarbeiter, die aufgrund ihrer Fachkompetenz die Planungsaufgaben auf der operativen Ebene bearbeiten, ist eine Möglichkeit zum Abbau „steil" gegliederter Hierarchien mit vielen Hierarchiestufen gegeben.

Zur Umgestaltung der Planungsabläufe stehen damit die in Bild 4.11 zusammenfassend gezeigten Möglichkeiten zur Verfügung [Scn 90]. Die Maßnahmen betreffen Veränderungen in den Vorgangsinhalten, den Vorgangsdauern, den Vorgangsbeziehungen und den Zeitabständen zwischen den einzelnen Vorgängen.

Planungsvorgänge, die unmittelbar keinen Planungsfortschritt erzielen und im kritischen Pfad des Entwicklungsprojektes liegen, sollten hinsichtlich ihrer Notwendigkeit überprüft und gegebenenfalls aus dem Ablauf entfernt werden. Des weiteren können Planungsaktivitäten ins Vorfeld ausgelagert oder unternehmensextern an einen Zulieferer vergeben werden. Die Verlagerung von Vorgängen gestattet unter Berücksichtigung der Informationsverfügbarkeit einen früheren Beginn von Aktivitäten. Planungsvorgänge mit einem hohen Abstim-

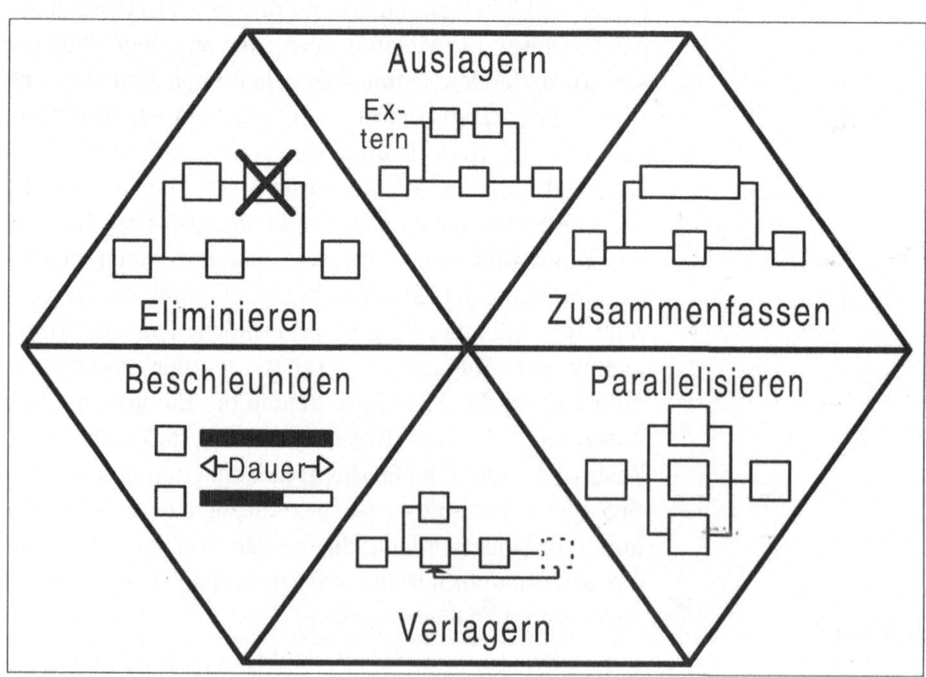

Bild 4.11: Abläufe neu strukturieren

• Der produktneutrale
Entwicklungsplan wird
durch die Projekt-
organisation ergänzt

• Jeder Meilenstein
schreibt verbindliche
Ergebnisse fest

mungsbedarf sollten zusammengefaßt werden. Darüber hinaus kann ein Vorgang durch den Einsatz von Hilfsmitteln zur effizienteren Erfüllung von Aufgaben beschleunigt werden.

Diese umstrukturierten Abläufe müssen dokumentiert werden. Dies leistet der produktneutrale Entwicklungsplan. Nun soll die Produktentwicklung mit Hilfe dieses informationslogischen Planungsrahmens und unter Einbeziehung von Aspekten der Projektorganisation näher erläutert werden (Bild 4.12).

Beim Aufbau dieses Plans werden zunächst die Entwicklungsphasen festgelegt. Danach werden die an den Meilensteinen erforderlichen Ergebnisse festgelegt. Darauf aufbauend kann die Entwicklung eines Produktes anhand der Meilensteine geplant werden.

Im nächsten Schritt wird die Bedeutung der Projektorganisation neben dem produktneutralen Entwicklungsplan deutlich. Nur durch sie ist es möglich, die Freigabe

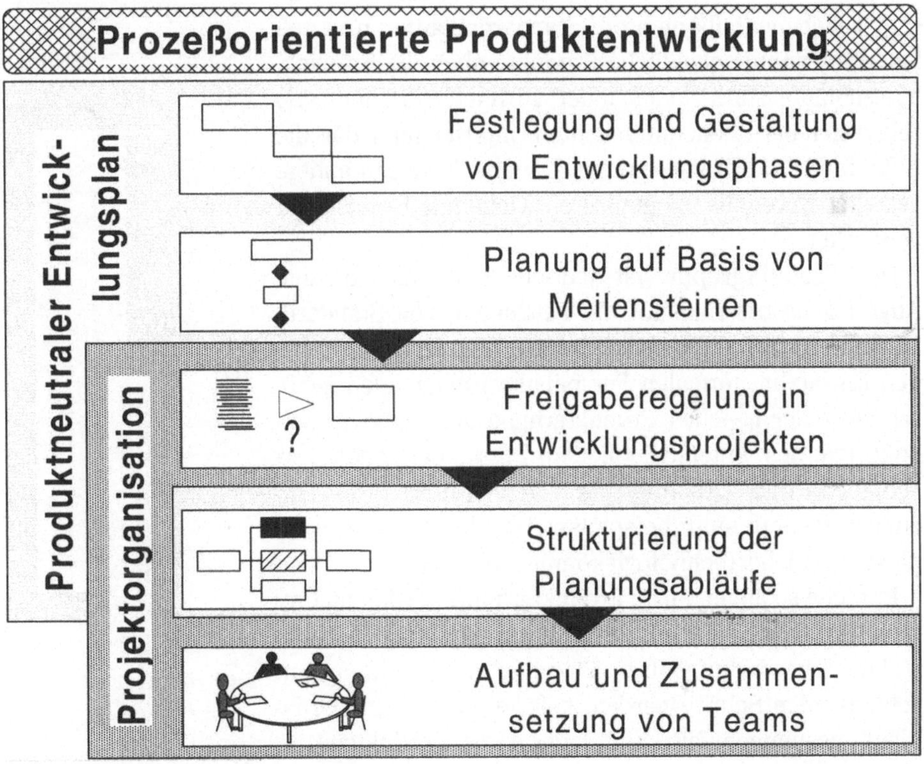

Bild 4.12: Bedeutung der Projektorganisation

an den Meilensteinen nach Bedarf flexibel zu regeln. Dazu müssen die Planungsabläufe entsprechend strukturiert und in den Teams abgestimmt werden. Voraussetzung ist es daher, daß für den gesamten Zeitraum der Produktentwicklung ein S.E.-Team gebildet wird, dessen Zusammensetzung möglichst konstant sein sollte.

Mit diesem Teameinsatz wird verhindert, daß die Produktentwicklung durch ein zu starres Handhaben des produktneutralen Entwicklungsplanes nicht optimal unterstützt wird.

Nach der Optimierung von einzelnen Produktentwicklungsabläufen sind diese als Basis für zukünftige Entwicklungsprojekte zu verwenden. Dazu werden die optimierten Abläufe zu einem Standardablauf, dem produktneutralen Entwicklungsplan, verdichtet. Produktneutral heißt in diesem Zusammenhang, daß der Entwicklungsplan für alle neu zu entwickelnden Produkte eines Typs gilt.

In Unternehmen mit einem breiten Produktspektrum sind gegebenenfalls mehrere Standardabläufe zu erstellen, da für unterschiedliche Produkte auch die Entwicklungsabläufe stark voneinander abweichen können. So zeigte sich bei einem untersuchten Unternehmen, daß die Abläufe für die Produktgruppe Trommelbremsen anders gestaltet waren als für neu zu entwickelnde Bremskraftverstärker.

Die Produktgruppe ist jedoch nicht das einzige Abgrenzungskriterium für die Festlegung von Standardabläufen. Scheibenbremsen für den Rennsport und für den Einsatz in normalen Personenkraftfahrzeugen gehören zwar der gleichen Produktgruppe an, haben jedoch aufgrund des unterschiedlichen Einsatzbereiches verschiedenartige Ablaufstrukturen. Weitere Abgrenzungskriterien sind beispielsweise die Produktkomplexität und die Technologiekomplexität (Bild 4.13).

Für jede so abgegrenzte Produktgruppe werden mehrere Abläufe analysiert und optimiert, um den produktneutralen Entwicklungsplan aufzubauen. In einem anschließenden Schritt werden diese zu einem Standardablauf zusammengefaßt. Ziel dabei ist es, produktspezifische Einflüsse der einzelnen Abläufe zu eliminieren und

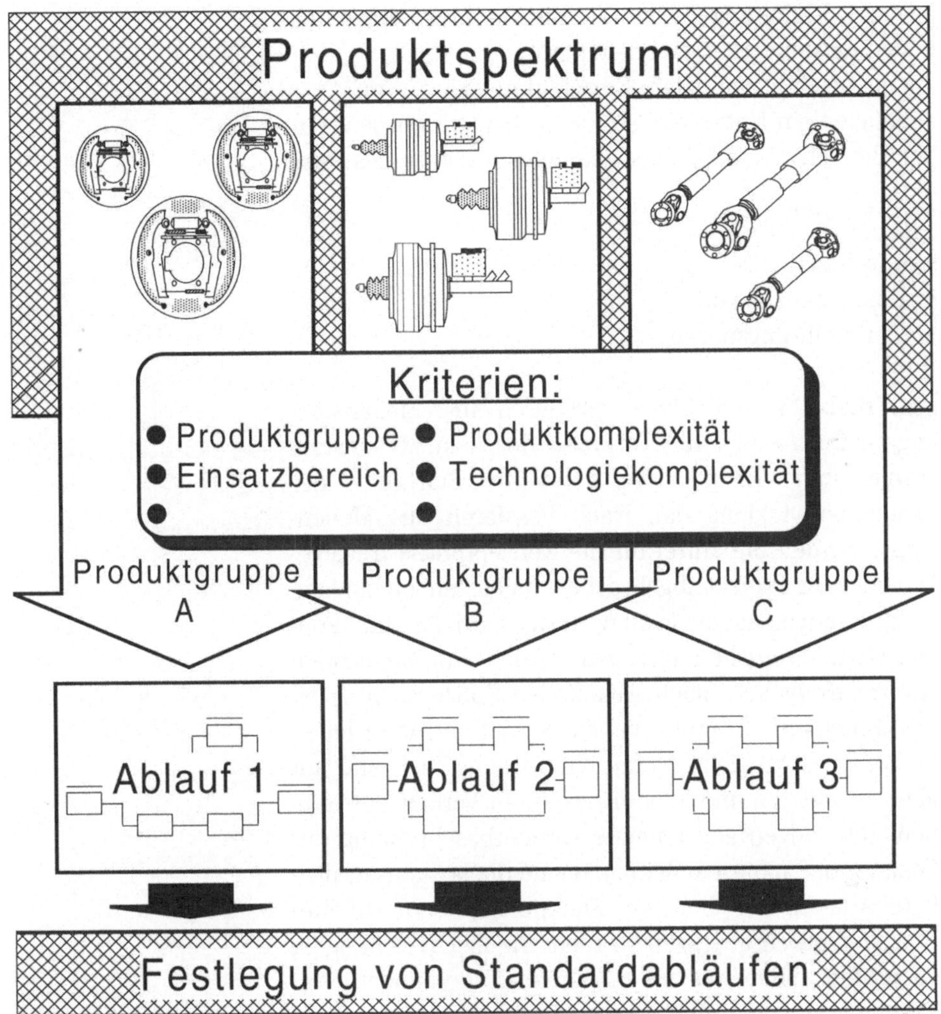

Bild 4.13: Abgrenzung und Festlegung von Standardabläufen

produktgruppenspezifische Vorgänge zusammenzufassen, so daß ein für die gesamte Produktgruppe nutzbarer Plan erzeugt wird. Dieser bildet zusammen mit den für ein konkretes Produkt relevanten Daten die Grundlage für eine produktbezogene Projektplanung. Durch den produktneutralen Entwicklungsplan wird der logische Ablauf und die Organisation des Informationsaustausches in einem Entwicklungsprojekt festgelegt. Ziel ist es, das mögliche Parallelisierungspotential der einzelnen Ablaufschritte aufzuzeigen, die Transparenz der Abläufe zu erhöhen und damit den Mitarbeitern die Einordnung ihrer Tätigkeiten in den Gesamtprozeß zu erleichtern.

Ein produktneutraler Entwicklungsplan umfaßt - abhängig vom Unternehmen - verschiedene Phasen. Für den Bereich des Anlagenbaus können dies beispielsweise die:

- Vorphase,
- Konzeptphase und
- Durchführungsphase

sein (Bild 4.14). Jede Phase wird durch einen Meilenstein begrenzt. So endet die Vorphase mit dem Meilenstein „Projektstart". Er stellt den definierten Startpunkt der Produktentwicklung dar. Nach Passieren des Meilensteins werden die Mittel für die Konzeptphase freigegeben oder das Projekt abgebrochen. Im Lastenheft sind die Anforderungen an das Produkt festgeschrieben und können als Referenz herangezogen werden. Am Meilenstein „Konzeptfreigabe" (nach Ablauf der Konzeptphase) ist das Pflichtenheft inklusive eines evtl. erforderlichen Softwarepflichtenheftes erarbeitet. Damit liegt eine mit allen Beteiligten und allen im weiteren Verlauf betroffenen Abteilungen abgestimmte Gesamtbeschreibung der Lösung vor. Zu diesem Zeitpunkt sind die Lösungsansätze bereits durch den Bau von Funktionsmustern auf ihre Realisierbarkeit überprüft worden. Die Zielerreichung ist zu prüfen, indem die im Pflichtenheft dokumentierten Lösungen an den Anforderungen des Lastenheftes gespiegelt werden. Bei Bedarf können somit frühzeitig Maßnahmen zur Zielkorrektur oder zur Nachbesserung eingeleitet werden. Bei Freigabe erfolgt dann die Bewilligung der Mittel für die Durchführungsphase. Hier werden das Produkt und die zu seiner Herstellung notwendigen Prozesse gestaltet.

Am Meilenstein „Funktionsfreigabe" innerhalb der Durchführungsphase liegen alle produktfunktionsbeschreibenden Unterlagen in Form von Entwürfen bzw. Spezifikationen vor. Bei der Produktfreigabe ist zum ersten Mal ein physikalischer Prototyp mit prüfbaren Eigenschaften vorhanden. Erst jetzt kann definitiv festgestellt werden, ob die geforderten Eigenschaften auch erreicht werden. Zusätzlich sind zu diesem Zeitpunkt die tatsächlichen Aufwände für die Entwicklung und Konstruktion bekannt.

Bei der Fertigungsfreigabe, dem letzten Meilenstein, liegen alle Unterlagen für Produktion, Dokumentation etc. vor, so daß die Fertigung freigegeben werden kann.

Bereits am Meilenstein „Funktionsfreigabe" wechselt die Charakteristik eines Vorhabens. Bis hierhin sind die Arbeiten durch eine interdisziplinäre Teamarbeit und das Austragen von Zielkonflikten gekennzeichnet. Dazu ist ein flexibler Planungsrahmen zu realisieren, der die notwendige Kreativität von Entwicklern, Konstrukteuren und Produktionsplanern nicht zu stark einschränkt [Ev 93f].

Nach der Funktionsfreigabe gilt ein wesentlich engerer Termin- und Kostenrahmen, abgesichert durch die an diesem Meilenstein vorliegende Funktionsspezifikation.

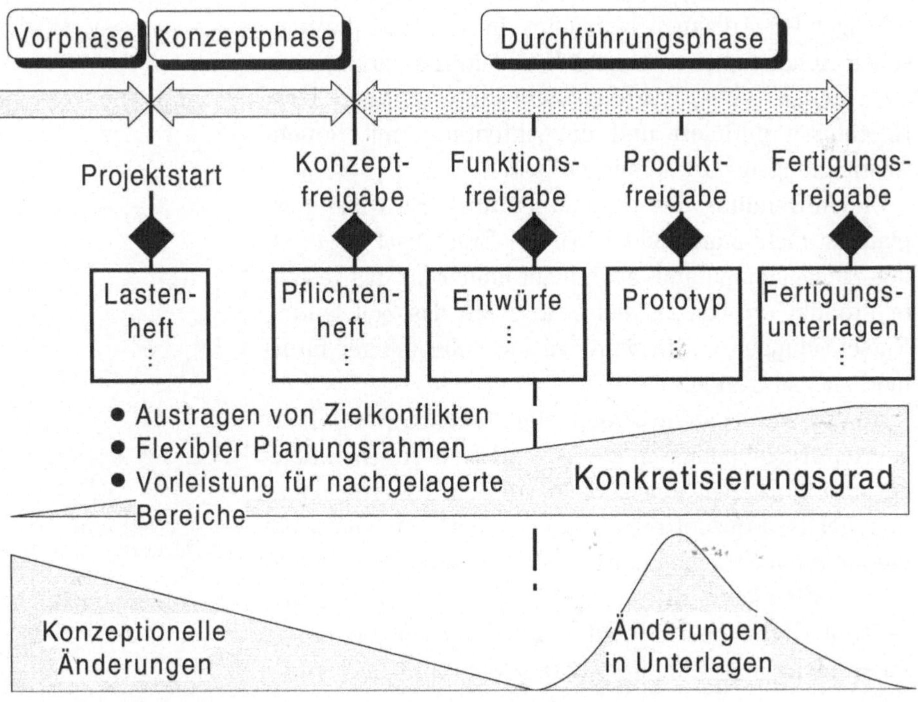

Bild 4.14: Phasen des produktneutralen Entwicklungsplanes [Ev 93f]

Es wird damit auch die Entscheidung getroffen, die Entwicklung ohne Unterbrechung zu Ende zu führen. Ein Abbruch der Entwicklung ist nicht mehr vorgesehen.

Auch konzeptionelle Änderungen sollten vor dem Meilenstein „Funktionsfreigabe" erfolgen. Anschließend sind nur Änderungen von Unterlagen zur Behebung von Fehlern etc. zulässig.

Als Zeitpunkte für die Überprüfung von Projektergebnissen bieten sich die Meilensteine des produktneutralen Entwicklungsplanes an. Die Konstruktionsunterlagen werden z. B. nach ihrer Fertigstellung auf ihre Konsistenz hin überprüft. Dieser Abgleich erfolgt nicht für eine gesamte Anlage, sondern auf Modul- oder Baugruppenebene über einen festzulegenden Zeitraum hinweg. Ziel ist es, zueinander passende und aufeinander abgestimmte Unterlagen zu erzeugen. Fehler, die aus einer mangelnden Überprüfung heraus resultieren, können so vermieden werden.

Der produktneutrale Entwicklungsplan ist die Grundlage für die vorhabens- bzw. produktbezogene Projektplanung und -steuerung, da er bereits das Grundgerüst der zu erledigenden Aufgaben beinhaltet. In ihm sind die logischen Abhängigkeiten abgebildet. Weiterhin sind die an den Meilensteinen vorliegenden Informationen bzw. Ergebnisse definiert und die Aktivitäten mit hohem Abstimmungsbedarf herausgearbeitet.

Die Anwendung des produktneutralen Entwicklungsplans ist nicht starr (Bild 4.15). Der Ergebnisabgleich an den Meilensteinen muß auch nicht immer für das gesamte Produkt erfolgen. Gleichwohl sollte das Ziel lauten, Entscheidungen auf Basis möglichst vollständiger Informationen zu treffen.

An dem Meilenstein „Projektstart" ebenso wie bei der Konzeptfreigabe müssen die Ergebnisse bezogen auf das gesamte Vorhaben abgeglichen werden. Hiervon sollte man bei der Konzeptfreigabe nur dann abweichen, wenn ein Modul über seine Schnittstellen so detailliert spezifiziert werden kann, daß keine Beeinflussung durch andere Module möglich ist. Somit werden Änderungen infolge einer nicht abgestimmten Parallelbearbeitung vermieden.

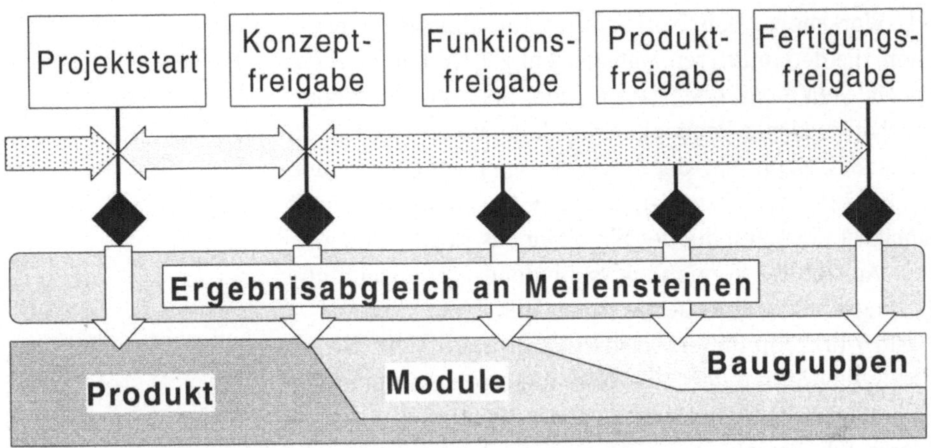

Bild 4.15: Anwendung des produktneutralen Entwicklungsplanes [Ev 93f]

● Durch produktneutralen Entwicklungsplan werden Mitarbeiter nachgelagerter Bereiche in frühe Phasen der Planung eingebunden

Die Funktionsfreigabe kann auf Modul- oder evtl. auf Baugruppenebene erfolgen, wenn die Schnittstellen zu den anderen Modulen hinreichend genau spezifiziert werden und keine Verletzung dieser Spezifikationen möglich ist. Die Produktfreigabe erfolgt ebenso wie die Fertigungsfreigabe für einzelne Baugruppen, falls diese separat aufgebaut und getestet werden können. Ziel sollte es jedoch bleiben, erst dann die Produktfreigabe zu erteilen, wenn der gesamte Prototyp vorliegt und ausreichend getestet ist.

Ein auf diese Weise erzeugter produktneutraler Entwicklungsplan bietet die Basis für die Beherrschung der gleichzeitigen, parallelen und simultanen Bearbeitung von unterschiedlichen Baugruppen desselben Produktes. Gleichzeitig wird sichergestellt, daß die Mitarbeiter der nachgelagerten Bereiche schon in den frühen Phasen, in denen die Ergebnisse noch beeinflußbar sind, an ihrer Entstehung beteiligt sind.

4.6 In der Praxis umgesetzte Maßnahmen

In diesem Kapitel wird aufgezeigt, wie es verschiedenen Unternehmen gelungen ist, den Prozeßgedanken in die Produktentwicklung hineinzutragen und welchen Nutzen sie damit erzielen konnten.

Ein erster Schritt zur Prozeßorientierung in der Produktentwicklung ist für viele Firmen die Durchführung eines

S.E.-Workshops. Den Workshop sollten Mitarbeiter besuchen, die dem mittleren Management zugeordnet werden, Spezialisten sind oder sogenannte Schlüsselfunktionen innehaben. Demgegenüber ist die Moderation in die Hände eines S.E.-Experten, der Generalist und möglichst eine neutrale Persönlichkeit ist, zu legen. Der Moderator stellt zunächst die Methodik des Simultaneous Engineering vor. Im Anschluß können verschiedene grundsätzliche Lösungsansätze diskutiert werden (Bild 4.16).

Ein Workshop dieser Art verfolgt mehrere Ziele. Neben der Initialisierung der S.E.-Philosophie soll ein konkreter Handlungsbedarf abgeleitet und der Einstieg in ein konkretes S.E.-Projekt gefunden werden. Dieses letzte Ziel wurde bei einem Hersteller von Bohrgeräten und einem Pumpenhersteller auf zwei unterschiedlichen Wegen erreicht (Bild 4.17).

Beim Pumpenhersteller stand die Durchlaufzeit als entscheidende Größe im Vordergrund. Daher wurden zunächst verschiedene Indikatoren erarbeitet, durch die die Durchlaufzeiten im Unternehmen beeinflußt werden. So wurden Schwachstellen lokalisiert und damit auch Handlungsbedarf abgeleitet. In einem anderen Beispiel (Hersteller von Bohrgeräten) war der Informationsfluß das zentrale Thema. Dazu hat man die Abläufe der Produktplanung und der Produktionsmittelplanung zunächst ideal parallelisiert. Danach wurden den einzelnen Ablaufschritten die erforderlichen Eingangs- und die erzeugten Ausgangsinformationen zugeordnet.

Dabei wurde berücksichtigt, wann welche Information gewünscht wird und wann diese erzeugt wird. Zusätzlich

Bild 4.16: Der S.E.-Workshop als Einstieg

wurde beachtet, daß einige der gewünschten Informationen als Vorabinformationen bereitgestellt werden können. So konnten alle Informationsflüsse, die rückwärts gerichtet sind, als Problemfelder identifiziert werden.

Beide Beispiele zeigen, daß die Kommunikation zwischen den beteiligten Abteilungen dringend verbessert werden muß. Die Ergebnisse der S.E.-Workshops bildeten die Basis für die Projektarbeit in einem konkreten S.E.-Vorhaben.

Um ein solches S.E.-Projekt durchzuführen, müssen zunächst die Ablaufprozesse analysiert und gestaltet werden (Bild 4.18).

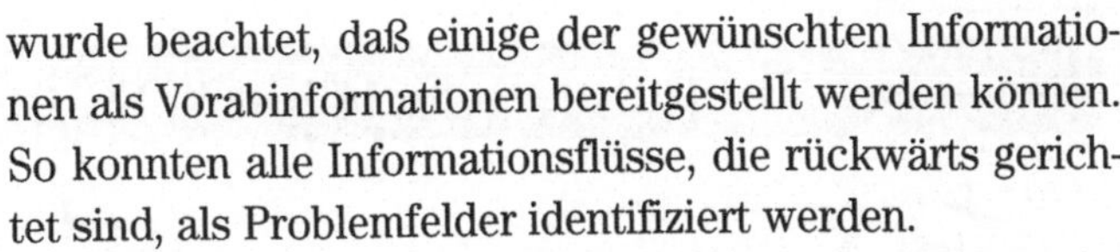

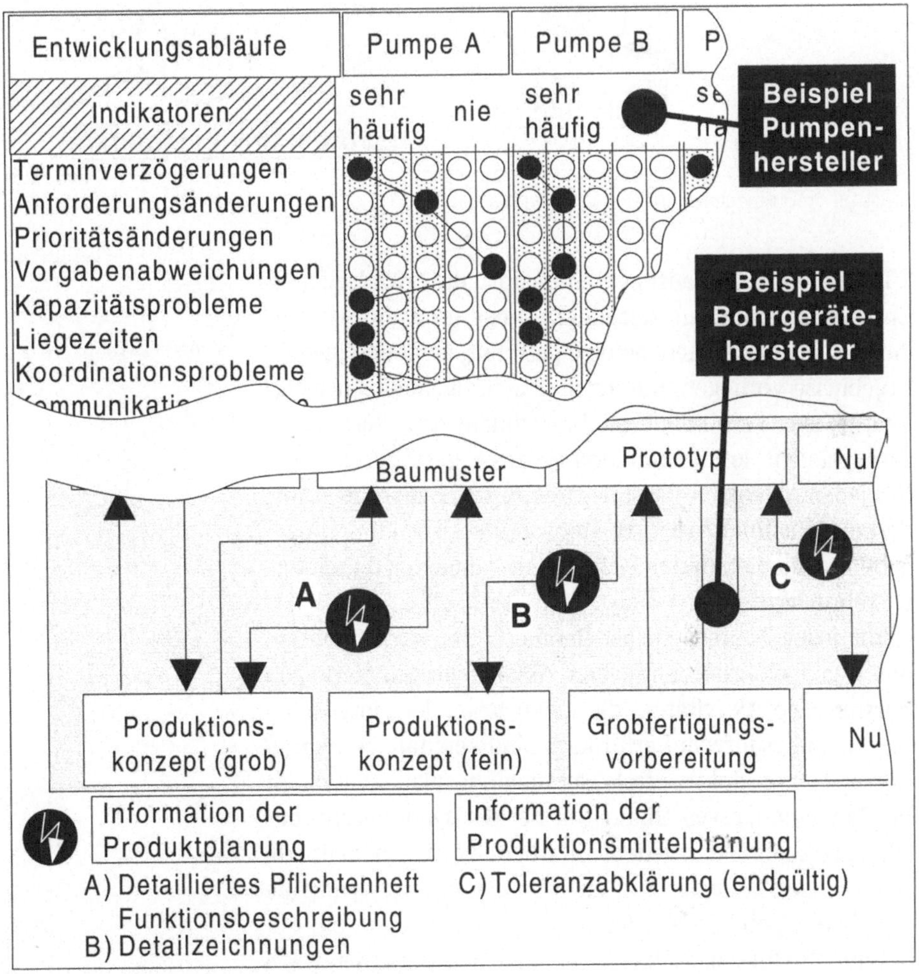

Bild 4.17: Ergebnisse durchgeführter S.E.-Workshops

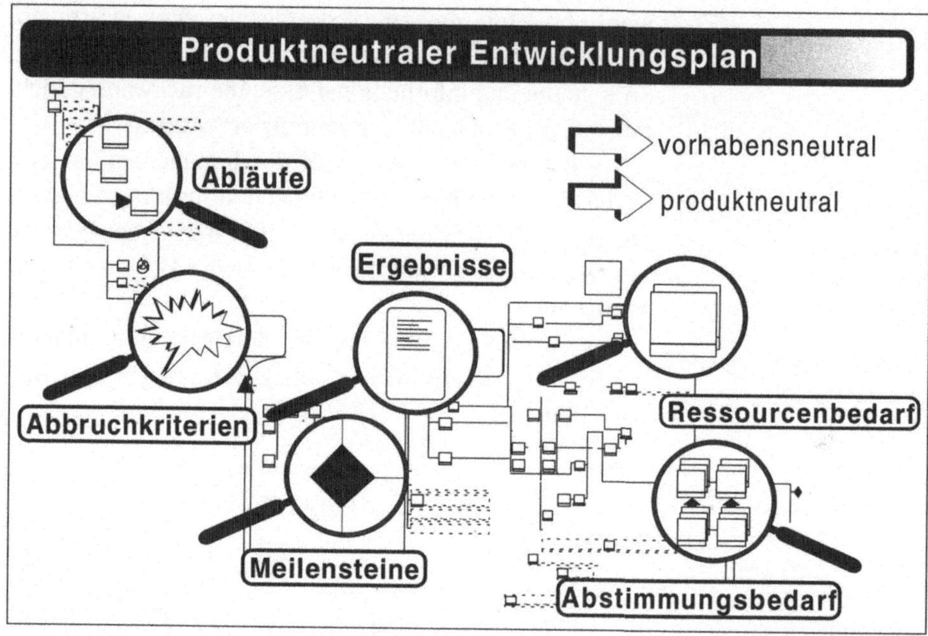

Bild 4.18: Produktneutraler Entwicklungsplan (Beispiel)

In einem Phasenkonzept werden dazu die erforderlichen Entwicklungsphasen definiert. Diese Phasen werden durch sogenannte Meilensteine getrennt, an denen jeweils Ergebnisse vorliegen, die für die nachfolgenden Entwicklungsphasen verbindlich sind. Nachdem das Phasenkonzept feststeht, können die Soll-Prozesse gestaltet werden. Für jeden Ablaufschritt ist der Ressourcenbedarf als erforderliche Qualifikation, z. B. Mechanik-Konstrukteur, angegeben. Zusätzlich finden sich in dem Plan explizit definierte Abbruchkriterien.

Für jeden Meilenstein ist definiert, welche Ergebnisse aus den davor durchlaufenen Ablaufschritten vorliegen müssen. Die Aktivitäten, die einen besonders intensiven Abstimmungsaufwand erfordern, sind ebenfalls hervorgehoben. Der produktneutrale Entwicklungsplan stellt damit ein kommunikatives Hilfsmittel bei der Optimierung der Planungsabläufe dar. Jedem Mitarbeiter wird u. a. deutlich, an welchen Planungsschritten er beteiligt ist und wann die Ergebnisse benötigt werden.

Eine Produktentwicklung mit einem produktneutralen Entwicklungsplan und der Einführung einer Projektorga-

> • Ein S.E.-Projekt beginnt mit der Gestaltung der Ablaufprozesse
>
> • Der produktneutrale Entwicklungsplan fördert die Kommunikation

• An den Meilenstei-
nen ist eine Freigabe-
regelung erforderlich

nisation zeigt das folgende Beispiel aus der Serienproduktion (Bild 4.19).

Die erste Phase ist hier die Angebots- und Definitionsphase. Es wird überprüft, ob das Projekt technisch und kaufmännisch realisierbar ist. Zusätzlich wird die rechtliche Unbedenklichkeit anhand einschlägiger Vorschriften überprüft. Dieser Zeitraum bildet auch die Anlaufphase für das Projektteam. Nachdem die Mitglieder feststehen, wird auch der Projektleiter ernannt. Danach kann mit der eigentlichen Entwicklung der Produkte begonnen werden. Ab diesem Zeitpunkt trägt der Projektleiter die Verantwortung für die Produktentwicklung. Innerhalb der Entwicklungsphase werden zuerst die Projekt- bzw. Kundenanforderungen technisch umgesetzt. Darauf aufbauend werden die Unterlagen sowohl für die Produktion als auch für die Qualitätssicherung erstellt. Zum Ende der Entwicklungsphase wird die Herstellung von Freigabemustern vorbereitet. Damit wird der nächste Meilenstein erreicht. Die Geschäftsführung gibt die nächste Projektablaufphase frei,

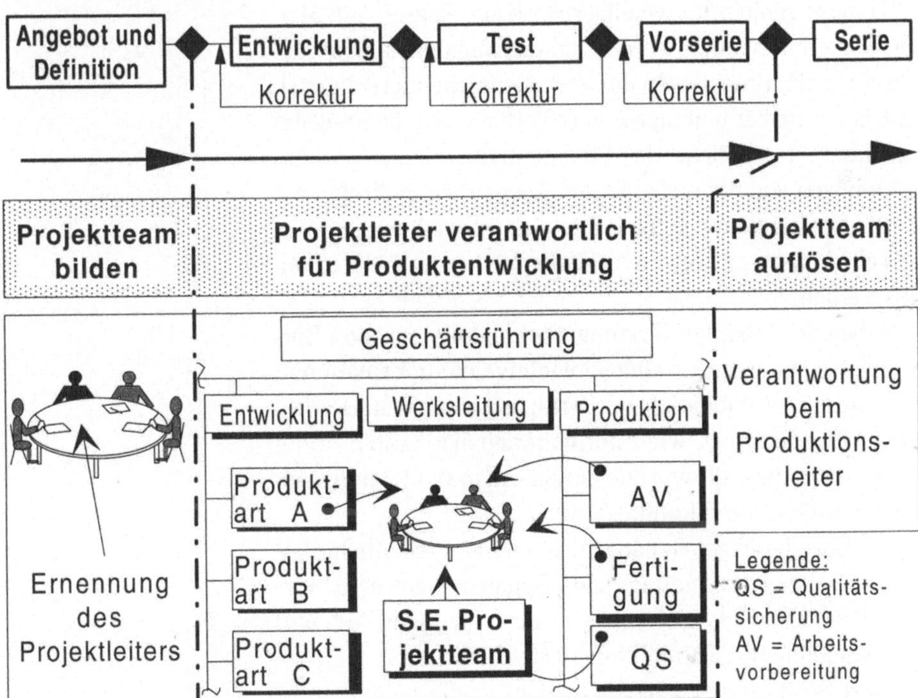

Bild 4.19: Ablauf der Produktentwicklung (Beispiel)

nachdem sie den bisherigen Projektstand überprüft hat. In der Testphase werden die Freigabemuster hergestellt und geprüft. Die erforderlichen Fertigungseinrichtungen werden daraufhin beschafft. Auch nach dieser Phase muß zunächst die Freigabe durch die Geschäftsführung erfolgen, bevor die Phase Vorserie gestartet werden kann. Während dieser Anlaufphase vor der Serienproduktion werden die Materialien, Fertigungsmittel und -prozesse unter Serienbedingungen getestet. Nach erfolgreicher Überprüfung kann der Serienanlauf freigegeben werden.

Damit endet auch die Produktentwicklung unter Verantwortung des Projektleiters. Die Verantwortung trägt nun der Produktionsleiter. Auch das Projektteam kann aufgelöst werden. Es sollte jedoch in der Anlaufphase noch zur Unterstützung der Produktion bei Problemen bereitstehen.

Dieser Planungsablauf ist sehr umfassend. Da nicht jeder Kundenauftrag einer vollständigen Produktentwicklung bedarf, wird der produktneutrale Entwicklungsplan flexibel gehandhabt. Bild 4.20 macht deutlich, wie dies in einem Unternehmen verwirklicht wurde.

Es müssen nicht notwendigerweise alle Phasen und Meilensteine durchlaufen werden, da die Nutzung sich an den jeweiligen Erfordernissen des Vorhabens orientiert [Jah 91]. Entscheidend für umfangreichere Vorhaben ist die Freigabe des Konzeptes anhand des Pflichtenheftes. Bei Anpaßentwicklungen von überschaubarem Ausmaß kann direkt eine Fertigungsfreigabe erfolgen. Für Neuentwicklungen müssen alle Phasen mit der Freigabe der Meilensteine durchlaufen werden.

Neben der flexiblen Nutzung des produktneutralen Entwicklungsplanes ist es ebenso wichtig, alle Informationen so frühzeitig wie möglich zur Verfügung zu stellen. Das folgende Beispiel zeigt, wie Informationen als Vorabinformationen bereitgestellt wurden, so daß man die Planungsabläufe parallelisieren konnte (Bild 4.21).

Am Beispiel eines Gehäuseformteils ist ersichtlich, daß die Aufgabe „Entwicklung eines Gehäuses" getrennt werden kann in: „Entwicklung der Formteilaußenseite" und „Entwicklung der Formteilinnenseite" (Bild 4.22).

Diese Strukturierung bietet Vorteile, da die Außenkontur der Elektrowerkzeuge trotz ihrer Eigenschaft als techni-

Vor-phase	Kon-zept-phase	Durchführungsphase			Phase
Lasten-heft	Pflichten-heft	Entwurf	Produkt-unter-lagen	Ferti-gungsun-terlagen	Ergebnis
Projekt-start	Konzept-freigabe	Funk-tions-freigabe	Produkt-freigabe	Ferti-gungs-freigabe	Meilen-stein
					Anwendung
					Neu-entwicklung
					Elektronik Entwicklung
					Mechanik Entwicklung
					Anpaß-entwicklung

Bild 4.20: Flexible Phasenorganisation

sche Gebrauchsgüter sehr stark „designbestimmt" sind. Somit liegt als erstes ein Design-Modell vor. Erst nach der Design-Entscheidung wird das Produkt technisch detailliert weiterentwickelt und spezifiziert. Für die beteiligten Mitarbeiter ergibt sich die Möglichkeit, sowohl die Werkzeugkonstruktion als auch den Werkzeugbau wesentlich früher in den Entwicklungsablauf einzubinden.

Somit können entsprechende Aktivitäten bereits begonnen werden, bevor die Gehäusekontur mit den Verrippungen und Aufnahmen für Lager bzw. Schalter endgültig festliegt. Die Aufgabe der innerbetrieblichen koordinierenden Stelle liegt dabei in der ständigen technischen und termin-

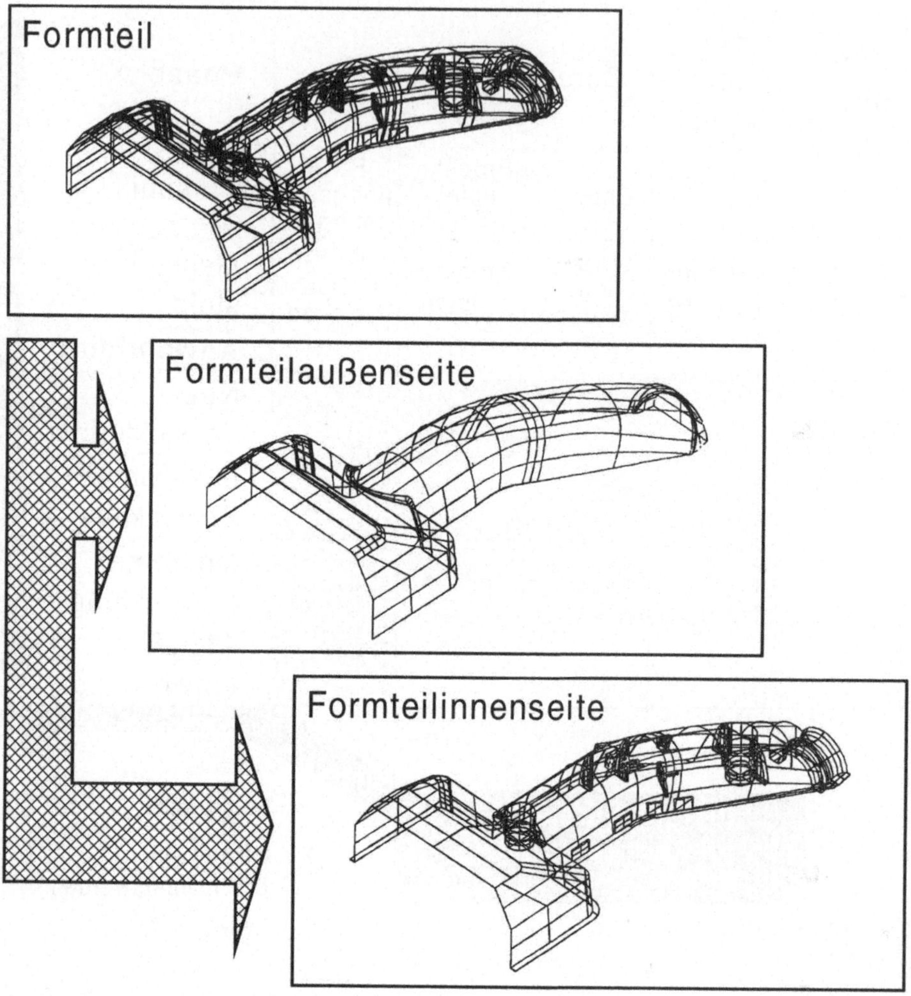

Bild 4.21: Splitten einer Information (Beispiel) [Ev 93b]

lichen Koordination der leistungsbringenden internen und externen Entwickler.

Die Splittung von Entwicklungsaufgaben, um z. B. durch die Parallelisierung von Teilprozessen eine Zeitverkürzung zu erzielen, erfordert ein abgestimmtes Informationsmanagement, um die Risiken aufwendiger Änderungen zu minimieren.

Hierzu gehört als wichtigstes Element die Definition von Freigabeprozeduren, mit denen beispielsweise Teilergebnisse für die Weiterverwendung vorzeitig freigegeben wer-

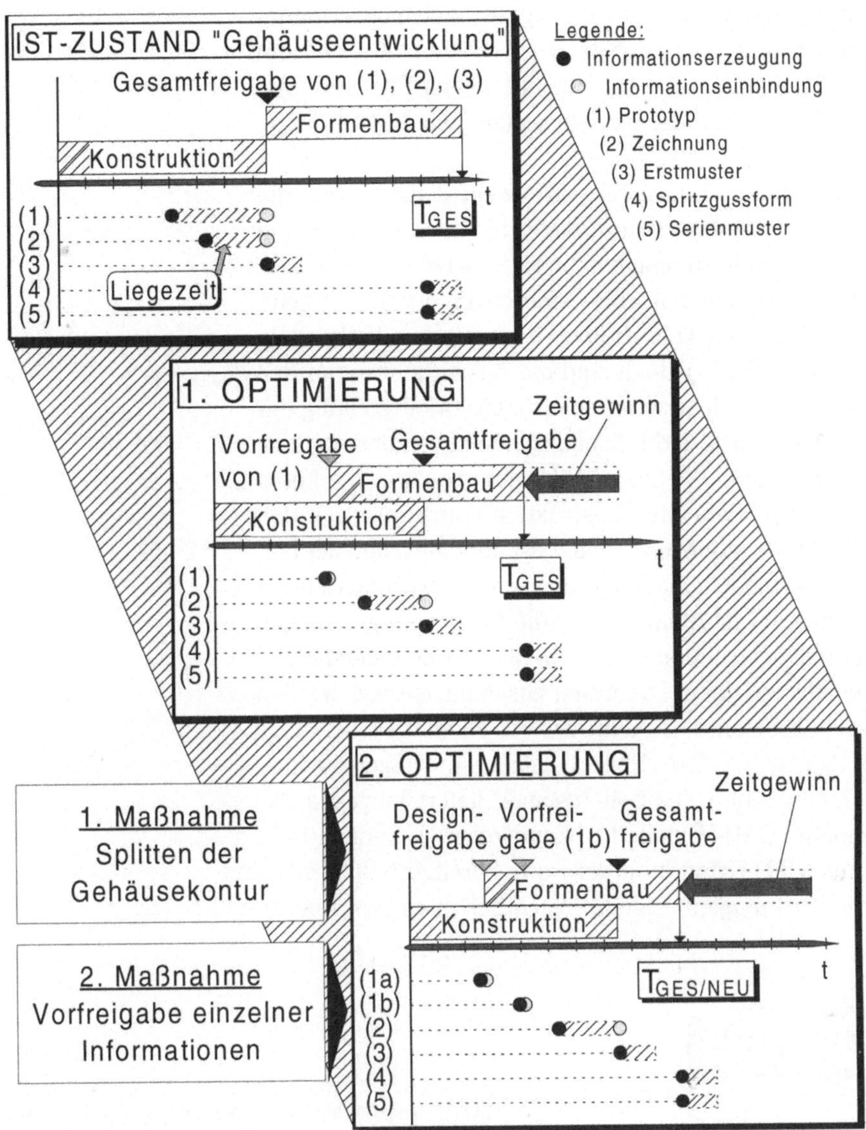

Bild 4.22: Zeitverkürzung durch Informationsmanagement [Ev 93b]

- Vorfreigaben bringen Zeitgewinn, erhöhen aber auch das Änderungsrisiko

den. Trotz dieser Absicherung existiert allerdings ein erhöhtes Änderungsrisiko, da bereits vor der Gesamtfreigabe des Produktes Kosten für externe Leistungen verursacht werden. Dieses Risiko wurde im vorliegenden Fall allerdings in Kauf genommen, da der Zeitgewinn mit der Option einer früheren Marktpräsenz wesentlich höher zu bewerten ist.

Zur Verkürzung der Entwicklungszeit stehen aber mitunter auch andere Möglichkeiten zur Verfügung. Gegenstand dieses Beispiels ist das Außenhautteil einer PKW-Karosserie. In Bild 4.23 ist der heutige sequentielle Ablauf dargestellt.

Im Sollablauf (Bild 4.24) wird direkt deutlich, daß die Durchlaufzeit enorm reduziert werden konnte. Dafür sind mehrere Gründe zu nennen. Zunächst wird im Soll-Ablauf das Designmodell mit Hilfe eines CAS-Systems erstellt. Dieses birgt zwar kein direktes Potential zur Verkürzung der Durchlaufzeit, jedoch sind die Auswirkungen auf den Gesamtprozeß nicht zu unterschätzen. Die Erstellung der CAD-Daten wurde dadurch entscheidend verkürzt, daß die Daten aus dem CAS-System übernommen werden konnten. Die anschließende Konstruktion wurde zwar auf den ersten Blick zeitlich ausgedehnt, ist aber aufgrund der entfallenen Urmodellerstellung immer noch erheblich kürzer als vorher. Im Ist-Ablauf liefert die Konstruktion lediglich Einzelteilkonstruktionen, die in der Urmodellerstellung aufwendig zu einen Gesamtteil zusammengesetzt werden müssen. Probleme bereiten hier vor allem die Übergänge und Radien der Einzelteile hinsichtlich Paßgenauigkeit. Die Konstruktion des Soll-Zustands liefert hingegen das komplette CAD-Modell des komplexen Außenhautteils. Weil die CAD-Daten in dieser Form bereitgestellt werden, ist die Werkzeuganfertigung wesentlich einfacher. Ebenso

Istablauf

Design-modell	CAD-Datener-stellung	Kon-struk-tion	Ur-modell er-stellung	Werkzeug konstruk-tion, Gußbe-schaffung	Werkzeug-anfertigung und Einar-beitung	Ab-nahme/ Erpro-bung
5 Monate	4-5 Monate	3 Monate	7-9 Monate	6 Monate	13 Monate	3 Monate

Durchlaufzeit: 41 - 44 Monate

Bild 4.23: Istzustand der Produktentwicklung

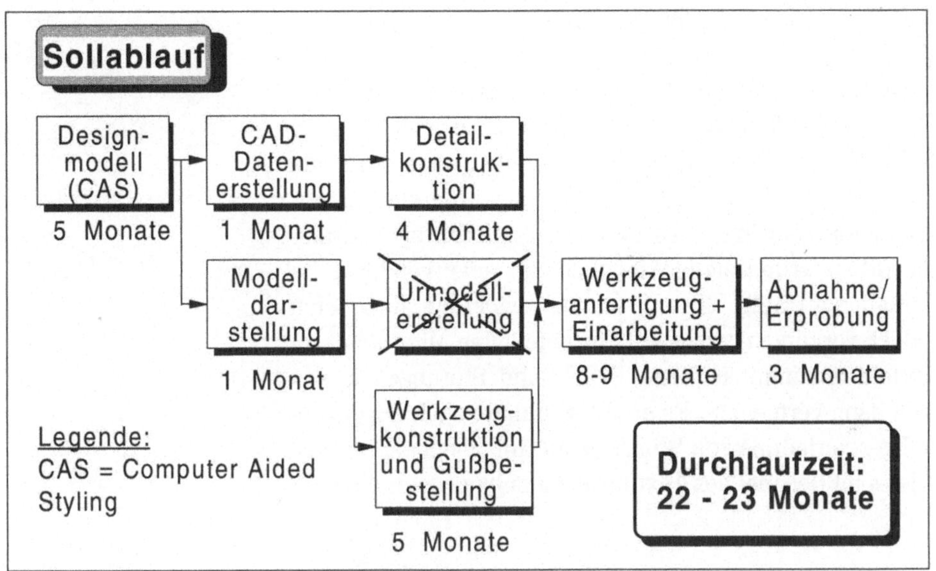

Bild 4.24: Parallele Gestaltung der Produktentwicklung

können die Einarbeitung sowie die anschließende Abnahme und Erprobung mit weniger Zeitaufwand durchgeführt werden. Ein weiterer Grund für die kürzere Durchlaufzeit liegt in der fertigungsgerechten Konstruktionsberatung. Allein die Zeit zur Anfertigung der Werkzeuge konnte dadurch um mehr als 30 % verkürzt werden.

Die bisher aufgeführten Beispiele beschäftigen sich hauptsächlich mit dem Einsatz der zuvor erläuterten Methodik, d. h. mit dem Aufbau des produktneutralen Entwicklungsplanes. Zum Abschluß wird erläutert, welche zusätzlichen Möglichkeiten bestehen, die Durchlaufzeit optimal verkürzen zu können.

Um einen hohen Parallelisierungsgrad erreichen zu können, ist es unbedingt erforderlich, abteilungsübergreifend zusammenzuarbeiten. Zwei Beispiele aus dem Systemanlagenbau und dem Textilmaschinenbau sollen dies verdeutlichen. Die Darstellung in Bild 4.25 weist auf zwei Aspekte hin. Einerseits wird dargestellt, wo Schwachstellen auftreten, und andererseits, wie sich diese auswirken. Bei einem Vergleich der beiden Beispiele muß zunächst die unterschiedliche Komplexität der zugrundeliegenden Produkte berücksichtigt werden. Diese äußert sich in der stark unterschiedlichen Anzahl von Abteilungseinbindungen pro Vorgang.

Besonders soll an dieser Stelle das Verhältnis von Störungs- zur Aufgabenbearbeitung herausgestellt werden. Beim Systemanlagenbauer ist die abteilungsübergreifende Zusammenarbeit im Falle von Störungen deutlich höher als im normalen Tagesgeschäft. Das zeigt, daß eine Zusammenarbeit grundsätzlich möglich ist, aber verstärkt im Notfall stattfindet. Die Produktentwicklung ließe sich jedoch verkürzen, wenn sich die beteiligten Mitarbeiter im Vorfeld abstimmten. Viele Fehler und Störungen lassen sich dann vermeiden. Es ergibt sich dann auch ein gegenteiliges Verhältnis von Störungs- zu Aufgabenbearbeitung, wie es im Beispiel des Textilmaschinenbaus deutlich wird.

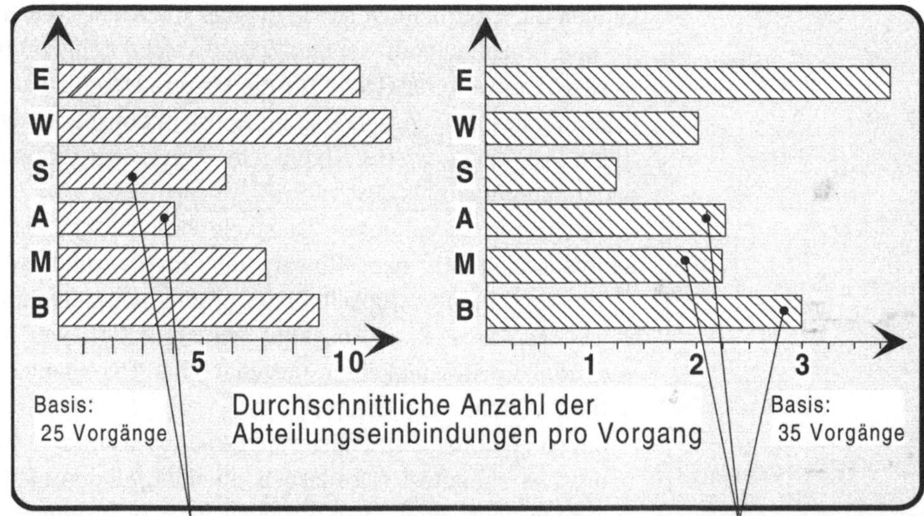

Bild 4.25: Abteilungsübergreifende Zusammenarbeit

• Die Projektorganisation erleichtert die abteilungsübergreifende Zusammenarbeit

• Erst durch die Projektorganisation erhält die Produktentwicklung ihre volle Flexibilität

Diese Zusammenarbeit bei der Aufgabenbearbeitung wird durch den Einsatz einer Projektorganisation wesentlich unterstützt. Eine Möglichkeit, diese Projektorganisation zu realisieren, zeigt das folgende Beispiel aus der Automobilindustrie (Bild 4.26).

Die Projektorganisation wird hier in drei Bereiche untergliedert. Als erstes ist das Projektteam zu nennen. Es wird aus Mitarbeitern verschiedener Fach- und Vorstandsbereiche zusammengesetzt. Ihm obliegt es, die Entwicklungsaufgabe ganzheitlich zu bearbeiten. Diesem Team stehen die Berater zur Seite. Sie bilden das zweite Standbein der Projektorganisation. Als Berater werden analog zum eigentlichen Team Personen aus unterschiedlichen Fachabteilungen und Vorstandsbereichen ausgewählt. Sie stehen dem Kernteam beratend und unterstützend zur Seite. Wesentlich ist hierbei, daß der Informationsfluß zwischen Projektteam und Beratern aufrechterhalten wird, damit die Berater ihrer Aufgabe auch gerecht werden können.

Den dritten Pfeiler der Projektorganisation bildet der Beirat. Er ist aber nur dann erforderlich, wenn das Projektteam nicht mit Entscheidungskompetenzen ausgestat-

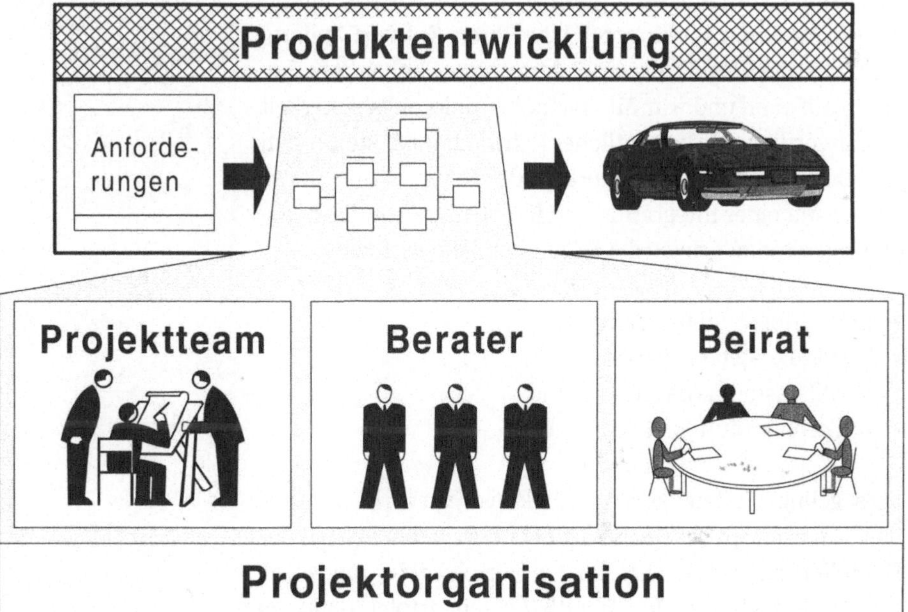

Bild 4.26: Beispiel zur Projektorganisation

tet und entsprechend in die Aufbauorganisation integriert werden kann. In ihm treffen daher die direkten Vorgesetzten der Mitglieder aus dem Projektteam zusammen. Außerdem gehört ihm ein Fach-Projektleiter an. Der Schwerpunkt der Tätigkeiten des Beirates liegt nicht in der Überwachung des Projektteams. Vielmehr sorgt der Beirat dafür, daß dem Team und den Beratern die notwendigen Ressourcen und Hilfsmittel zur Verfügung stehen. Darüber hinaus berät er das Team in kritischen Situationen. Entsprechend seiner Vorgesetztenfunktion obliegt es dem Beirat außerdem, das Team jeweils zu entlasten, wenn ein definierter Meilenstein erreicht wurde.

Erst durch eine Projektorganisation wird es ermöglicht, die zuvor ermittelten Potentiale bzw. die durchzuführenden Maßnahmen auch vollständig umzusetzen.

Ein weiterer Ansatz zur Umsetzung der erforderlichen Maßnahmen ist die Integration von Konstruktion und Arbeitsplanung. Der Ist-Zustand in Konstruktion und Arbeitsplanung stellte sich folgendermaßen dar. Die Konstruktion stellte der Arbeitsplanung Detailkonstruktionen zur Verfügung. Auf dieser Basis wurden die Arbeitspläne ausgearbeitet. Zuletzt wurden die Material- und Konstruktionskosten ermittelt. Wenn diese zu hoch ausfielen, mußte die Konstruktion ihr Konzept bzw. ihren Entwurf ändern. Dieser große Regelkreis erforderte einen hohen Abstimmungsaufwand und war für eine hohe Änderungshäufigkeit verantwortlich. Als wesentlicher Schwachpunkt stellte sich die fehlende Kosteninformation in der Konstruktionsphase heraus. Mit einer Integration von Konstruktion und Arbeitsplanung werden primär die folgenden Ziele verfolgt:

- Innovationszeiten verkürzen,
- Herstellkosten reduzieren,
- Qualitätsstandards sichern und
- Änderungshäufigkeit reduzieren.

Dies gelingt, indem kurze Regelkreise verwirklicht werden. Ein Konzept bzw. Entwurf geht erst in den Prozeß der Detaillierung, wenn die Kosten abschätzbar sind. Die genaue Kalkulation der Herstellkosten erfolgt dann im Anschluß an die Arbeitsplanerstellung.

Die umfassende Einführung von Simultaneous Engineering, die neben dem produktneutralen Entwicklungsplan auf jeden Fall eine Projektorganisation beinhalten sollte, kann zu insgesamt beachtlichen Erfolgen führen (Bild 4.27).

4.7 EDV-Unterstützung

Kompliziertere Projekte zeichnen sich durch eine unübersichtliche und stark vernetzte Struktur aus. Häufig besteht das Problem, daß die zwischen den Abteilungen und Instanzen ausgetauschten Informationsflüsse nicht vollständig erfaßt werden können. Die Erfassung und gleichzeitige Berücksichtigung einer Vielzahl von teilweise untereinander abhängigen Eingangsparametern überfordert das menschliche Planungs- und Koordinationsvermögen. Durch die Organisationsmethodik „Simultaneous

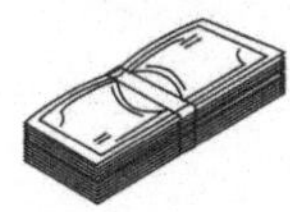

Bild 4.27: Einführung von S.E. bei einem Anlagenhersteller [Ev 94a]

Engineering" wird eine Verkürzung der Entwicklungszeiten durch Parallelisieren der Planungsabläufe angestrebt. Ebenso sollen die Abläufe transparenter und die Informationsflüsse effizienter gestaltet werden. Dies setzt jedoch genaue Kenntnisse der Abhängigkeiten und der informationstechnischen Verknüpfungen zwischen den betrachteten Planungsvorgängen voraus.

Um die Strategie des Simultaneous Engineering gewinnbringend im Unternehmen einsetzen zu können, ist deren Umsetzung auf die operativen Ebenen des Unternehmens erforderlich. Sowohl für die Planung und Durchführung als auch die Kontrolle von S.E.-Projekten sind systematische Vorgehensweisen und Hilfsmittel erforderlich [Ev 93f].

Bei der Anwendung der Methodik zur Parallelisierung der Planungsabläufe ist gerade für die Aufnahme des Ist-Zustandes eine Rechnerunterstützung sinnvoll. Durch eine interaktive Aktionsfolge zwischen Rechnerprogramm und Anwender wird die Analyse und Beurteilung von Produktentwicklungsabläufen sowie die Einleitung geeigneter Verbesserungsmaßnahmen erleichtert. Des weiteren bietet ein Programmsystem den Projektplanern gerade bei umfangreicheren Projekten die Möglichkeit der rechnergestützten Visualisierung der Planungszusammenhänge in einem bereichsweise gegliederten Vorgangsnetzwerk. So verschafft sich der Planer aufgrund der damit verbundenen größeren Transparenz der Informationsflußdarstellung einen schnellen und eindeutigen Überblick über alle planungsrelevanten Projektinformationen.

Bild 4.28 zeigt die Ein- und Ausgangsinformationen des Programmsystems. Betrachtet man die Eingabereihenfolge, so sind zunächst allgemeine und organisatorische Daten des betrachteten Projekts, wie z. B. Projektbezeichnung oder Name des Bearbeiters, zu bestimmen. Anschließend erfolgt die Eingabe der benötigten Abteilungs- bzw. Ressourceninformationen des Projektes. Dann werden die jeweiligen vorgangsspezifischen Daten, wie z. B. Vorgangsbezeichnungen, Vorgangsdurchlaufzeiten, Art und Anzahl der Vorgangsverknüpfungen und die zwischen den Vorgängen ausgetauschten Informationsflüsse eingegeben.

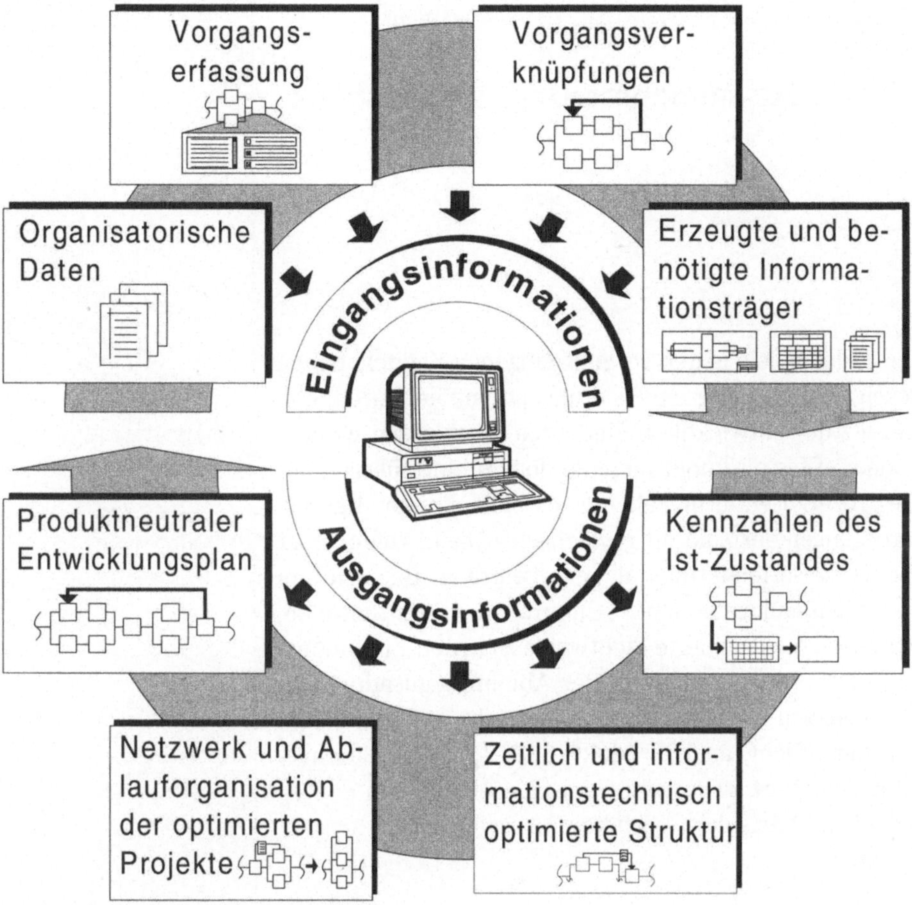

Bild 4.28: Informationen des Programmsystems

Bei den Vorgangsverknüpfungen wird im einzelnen zwischen direkten Vorgänger-/Nachfolgerbeziehungen, Verzweigungen und Zusammenführungen unterschieden. Eine Sonderform der Vorgangsverknüpfungen stellen die beschriebenen Iterationsschleifen dar, da sie gesondert erfaßt werden müssen und immer der Richtung des Hauptinformationsflusses entgegengerichtet sind.

5 Zusammenfassung und Ausblick

Die Fallbeispiele in den vorangegangenen Kapiteln haben gezeigt, welche Rationalisierungspotentiale durch den Einsatz der entwickelten Methoden erschlossen werden können. Dies darf aber nicht zu dem Schluß führen, daß die Prozeßorientierung alleine ausreicht, um den Herausforderungen der Zukunft gewachsen zu sein. Vielmehr ist die Prozeßorientierung als ein zentraler Baustein im Methodenbaukasten eines Unternehmens einzuordnen, der durch die geänderte Sichtweise zu neuen Erkenntnissen führt. Die Betrachtung der Ablauforganisation, wie sie in diesem Buch im Vordergrund steht, entbindet nicht von der Pflicht, auch Produkt- und Ressourcenkomplexität detailliert zu untersuchen. Diese Analysen sollten jedoch auf Basis der Geschäftsprozesse erfolgen.

• Methodenbaukasten ist erforderlich

5.1 Gesamtmodell der Auftragsabwicklung

Der Einstieg in die Realisierung einer prozeßorientierten Auftragsabwicklung erfolgt über die Ablauforganisation. Die Prozesse der Auftragsabwicklung sind die Kernelemente der neuen Organisationsform. Sie sind zugleich die Ausgangsbasis, um durch eine auftragsübergreifende Kapazitätsbetrachtung die Aufbauorganisation „schlanker" zu gestalten und dabei die Vorteile selbstregelnder Einheiten oder Fraktale [War 92] zu nutzen (Bild 5.1).

Das Gesamtmodell der Auftragsabwicklung kann zusammengefaßt als Regelkreis verstanden werden. Ziel ist es, die Regelstrecke „Auftragsabwicklung" anzupassen, wenn geänderte Randbedingungen dies erfordern. Die Anpassung erfolgt durch die Gestaltung verschiede-

• Reorganisation der Prozesse hat höchste Priorität

ner Parameter. Besonders wichtige Gestaltungsparameter der Auftragsabwicklung sind die Informationsbereitstellung, der Einsatz von EDV-Systemen, die Produktionsstruktur in Fertigung und Montage sowie die Lager- und Umlaufbestände (Bild 5.2).

Für eine Nutzung im operativen Geschäft werden im Rahmen des Gesamtmodells EDV-gestützte Hilfsmittel entwickelt. Sie bieten die Möglichkeit, Tätigkeiten der Auftragsabwicklung anforderungsgerecht zu unterstützen. Dabei handelt es sich besonders für Unternehmen der Einzel- und Kleinserienproduktion um Hilfsmittel für die Angebots- und Auftragsbearbeitung, die Qualitätslenkung sowie die Auftragsplanung und -steuerung. Hierbei steht die auftragsübergreifende Kapazitätsbetrachtung im Vordergrund.

Die Regelgröße im Regelkreis der Auftragsabwicklung entspricht der Ist-Situation, die permanent anhand aussa-

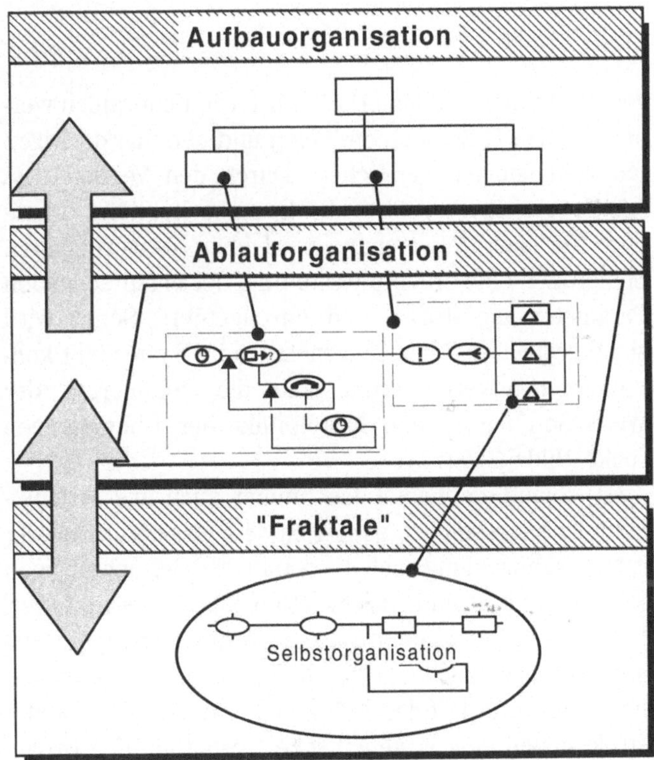

Bild 5.1: Ablauforganisation als Ausgangsbasis

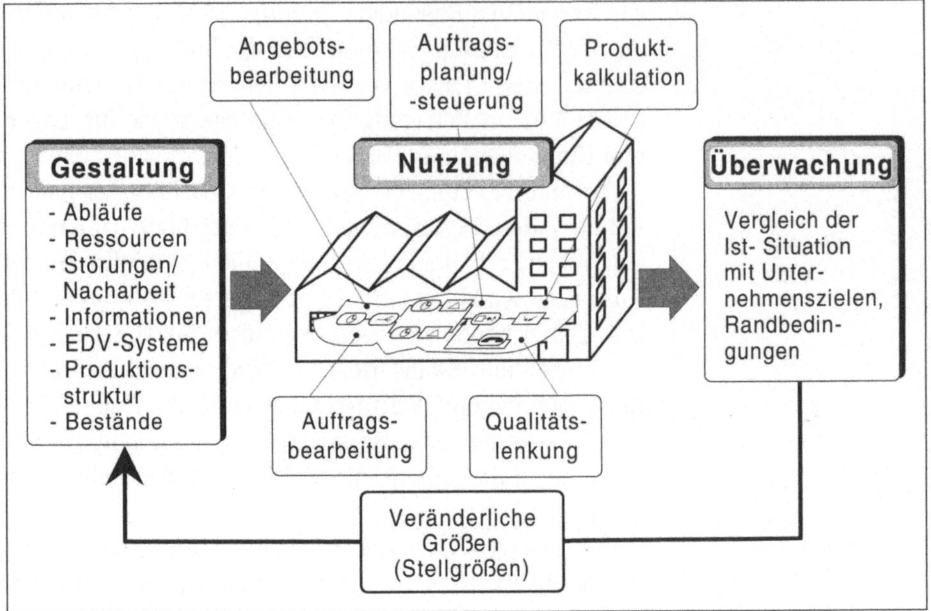

Bild 5.2: Erweitertes Modell der prozeßorientierten Auftragsabwicklung

gekräftiger Kennzahlen erfaßt wird. Die Kennzahlen werden mit den Unternehmenszielen und den marktseitigen Randbedingungen verglichen. Durch den Vergleich ist ständig Transparenz über die Betriebssituation vorhanden. Bei einer Abweichung wird über die verfügbaren Stellgrößen eine erneute Gestaltung der entsprechenden Parameter angestoßen und durchgeführt. Somit wird sichergestellt, daß das Unternehmen im Sinne einer kontinuierlichen Verbesserung stets die Optimierung der Wertschöpfung in den Mittelpunkt der Überlegungen rückt (Bild 5.3).

Da Ablaufkomplexität fast immer auch aus Produktkomplexität resultiert, gehört zu dem Gesamtmodell der Auftragsabwicklung auch die detaillierte Betrachtung von Produktstruktur und -varianz (Bild 5.4). Klar strukturierte Produktinformationen sind die Voraussetzung für eine anforderungsgerechte Daten- und Informationsbereitstellung. Dies erfordert den Aufbau einer neutralen Produktstruktur und eine systematische Gestaltung der Variantenvielfalt.

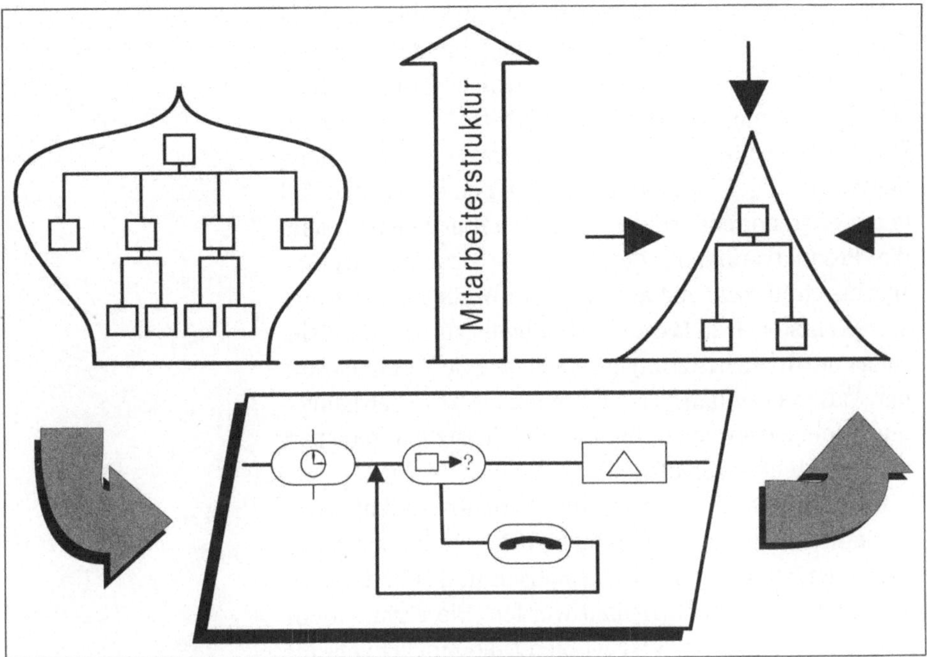

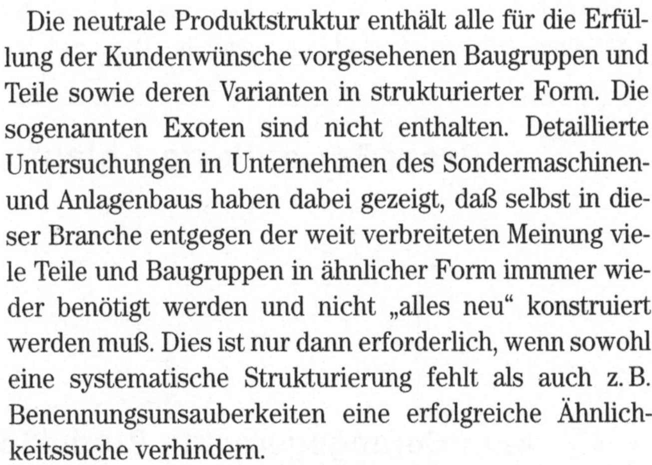

Bild 5.3: Konzentration auf die Wertschöpfung durch Prozeßorientierung

Die neutrale Produktstruktur enthält alle für die Erfüllung der Kundenwünsche vorgesehenen Baugruppen und Teile sowie deren Varianten in strukturierter Form. Die sogenannten Exoten sind nicht enthalten. Detaillierte Untersuchungen in Unternehmen des Sondermaschinen- und Anlagenbaus haben dabei gezeigt, daß selbst in dieser Branche entgegen der weit verbreiteten Meinung viele Teile und Baugruppen in ähnlicher Form immmer wieder benötigt werden und nicht „alles neu" konstruiert werden muß. Dies ist nur dann erforderlich, wenn sowohl eine systematische Strukturierung fehlt als auch z. B. Benennungsunsauberkeiten eine erfolgreiche Ähnlichkeitssuche verhindern.

Der Aufbau der neutralen Produktstruktur geschieht in enger Zusammenarbeit mit den Konstrukteuren eines Unternehmens. Anschließend werden bereichsspezifische Sichtweisen erarbeitet (z. B. Vertriebs-, Montage- und Versandsicht), um den Prozeß der Auftragsabwicklung zu beschleunigen und den Ressourcenverzehr minimieren zu können.

Die Analyse der Variantenvielfalt eines bestehenden Produktes ist die Grundvoraussetzung, um die Ursachen von Produktkomplexität zu erkennen und Maßnahmen zur Reduzierung der Produktvielfalt treffen zu können. Dabei ist eine übersichtliche und konsistente Darstellung der vollständigen Varianteninformationen notwendig. Ziel der variantenorientierten Produktgestaltung muß es sein, die Produktvarianten, die im Laufe des Montagefortschritts einfließen, erst am Ende des Wertschöpfungsprozesses entstehen zu lassen. Maßnahmen zur Standardisierung und Modularisierung ermöglichen die Verminderung der Variantenvielfalt. Die Komplexität von Fertigungs- und Montagesystemen nimmt ab. Zusätzlich reduziert sich der Steuerungsaufwand.

Kundenwünsche müssen die Variantenvielfalt nicht beeinflussen, wenn die richtigen, d. h. kundenrelevanten Varianten frühzeitig und systematisch in das bestehende Variantenspektrum eingeplant werden. Die Variant Mode and Effects Analysis (VMEA) bietet die Möglichkeit, die Varianten auf die für den Markt notwendige Vielfalt zu reduzieren.

Sowohl bei der Produktstrukturierung als auch bei der Variantenreduzierung sind umfangreiche Datenmengen

* Variantenbe-
herrschung

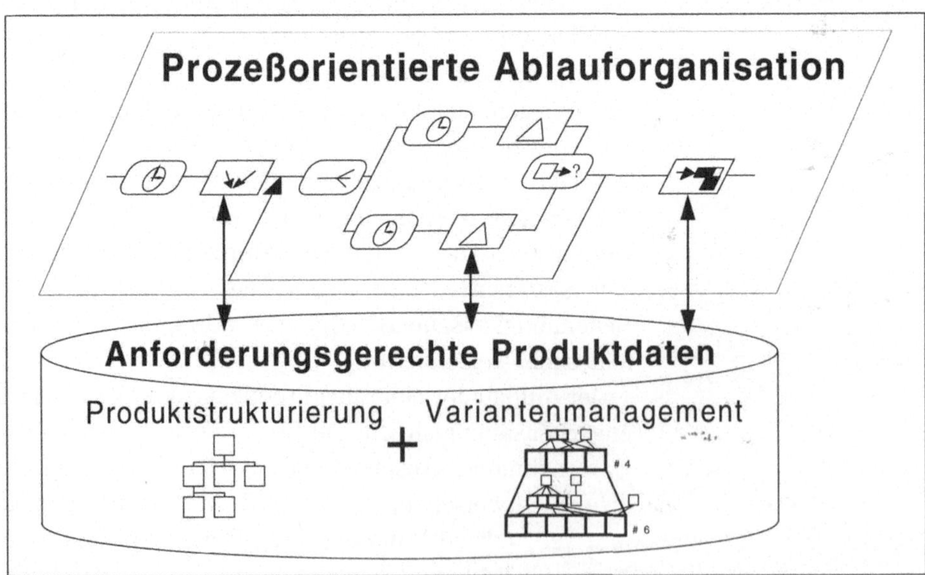

Bild 5.4: Integration von Produkt- und Prozeßinformationen

zu berücksichtigen. Für diese Aufgaben wurden die Programmsysteme PROST (Produktstrukturierung) und VARIANTENBAUM (Analyse und Reduzierung von Produktvarianten) in Arbeitskreisen zusammen mit der Industrie entwickelt. Durch den Einsatz dieser Systeme kann der erforderliche Analyseaufwand erheblich reduziert werden. Die Durchsetzung der Methoden im Unternehmen wird dadurch erst möglich.

5.2 Prozeßorientierte Produktentwicklung

Wertschöpfungsketten kurz und effizient gestalten - die Erfüllung dieser Forderung wird für jedes Unternehmen zukünftig zum entscheidenden Faktor des wirtschaftlichen Erfolges! Der vorgestellte Ansatz zur Prozeßoptimierung indirekter Wertschöpfungsketten in der Produktentwicklung unterstützt das Simultaneous Engineering. Durch die Einführung des Simultaneous Engineering kann sowohl die Effektivität als auch die Effizienz der Produktentwicklung wesentlich verbessert werden. Dabei muß berücksichtigt werden, daß Innovationserfolge auf der Erfindungskunst, dem Pioniergeist, der Innovationsfreude und der Risikobereitschaft einzelner Menschen beruhen. Gleichzeitig ist jedoch eine effizient organisierte Ablauf- und Aufbauorganisation notwendig, um die Innovationsideen des Einzelnen möglichst rasch in marktfähige Produkte umzusetzen.

Das Dilemma einer Optimierung der Produktentwicklung ergibt sich also aus der gleichzeitigen Forderung nach Bewahrung von Kreativitätsfreiräumen und effizienten, ressourcenoptimalen Organisationsstrukturen.

Zur Lösung dieser Problemstellung ist das Hilfsmittel des produktneutralen Entwicklungsplans entwickelt und in Unternehmen verschiedener Branchen mit Erfolg umgesetzt worden. Das prozeßorientierte Hilfsmittel basiert auf einem Phasenmodell, das eine Definition von Zwischenergebnissen an einzelnen Meilensteinen ermöglicht. In dem Plan sind darüber hinaus die jeweiligen Standardteilprozesse modelliert, die unternehmensspezifisch, aber produkt- bzw. projektunabhängig zur effizienten

Erarbeitung dieser Entwicklungsergebnisse notwendig sind. Der produktneutrale Entwicklungsplan definiert somit das „logische Rückgrat" der wertschöpfenden Entwicklungsprozesse.

Die Anwendungserfahrungen zeigen, daß die Verwirklichung des produktneutralen Entwicklungsplans das Simultaneous Engineering auf der Umsetzungsebene organisatorische Prozeßketten wirkungsvoll unterstützt (Bild 5.5). Ergebnis sind die Verkürzung der Entwicklungszeiten, die Qualitätsverbesserung der erzeugten Produkt- und Prozeßspezifikationen sowie die Verringerung des vermeidbaren Änderungsaufwands.

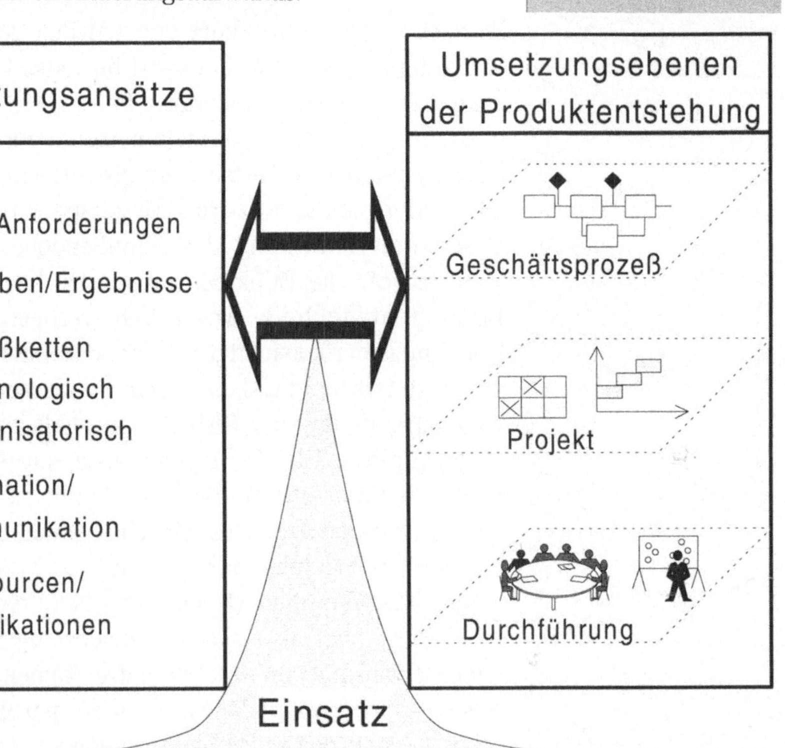

Bild 5.5: Ziele der proßorientierten Produktentwicklung

Potentiale, die durch die Optimierung von Prozeßketten ausgewiesen werden, müssen kosten- und erlöswirksam werden. Hierzu ist die Umsetzung der Gestaltungsansätze auf allen Ebenen erforderlich: Prozeßorientierung muß in der täglichen Zusammenarbeit der Mitarbeiter gelebt werden.

Zur weiteren Unterstützung der Umsetzung der prozeßorientierten Produktentwicklung auf operativen Ebenen werden die in diesem Buch vorgestellten Lösungsansätze weiterentwickelt. Projekte auf Basis neutraler Prozeßketten sollen gezielt gestaltet werden. Hierbei stehen die Forderung nach der zeitlichen Parallelisierung bzw. Überlappung und die Integration im Vordergrund. Sowohl die inhaltlichen Aspekte der Aufgabenintegration und die Zusammenführung von Entscheidungs- und Bearbeitungskompetenz in den S.E.-Teams als auch ein anforderungsgerechtes Informationsmanagement sind die wesentlichen Aspekte einer umfassenden Integration von Planungsabläufen.

Die Realisierung dieses Bausteins eines neuartigen und auf die spezifischen Anforderungen des Simultaneous Engineering zugeschnittenen Projektmanagements ist ein wichtiges Ziel gegenwärtiger Arbeiten. Aufbauend hierauf wird die effiziente Planung, Steuerung und Lenkung von S.E.-Projekten möglich. Gleichzeitig wird sichergestellt, daß dem Menschen - als Mittelpunkt der prozeßorientierten Produktentwicklung - die Freiräume geschaffen werden, die zur kreativen und innovativen Gestaltung zukunftsweisender Produkte erforderlich sind.

5.3 Ausblick

Prozeßorientierung heißt Querdenken, quer zu bestehenden Bereichsstrukturen und quer zu festgefahrenen Denkmustern. Die einzelnen Beispiele in diesem Buch haben gezeigt, wie man dieses Denken in die Tat umsetzt. Dabei standen die Gestaltungsfelder Mensch und Organisation im Vordergrund. Da diese Felder in der Vergangenheit in Unternehmen vielfach vernachlässigt wurden, besteht Nachholbedarf bei der Ablauf- und Aufbauorganisation.

Allerdings darf das dritte Gestaltungsfeld, die Technik, nicht außen vor bleiben. Nur diejenigen Unternehmen, die neben der organisatorischen Neuorientierung auch technologische Fortschritte anstreben, werden langfristig wettbewerbsfähig bleiben. In diesem Kontext gilt es, besonders die Wechselwirkungen der Organisation auf der einen Seite mit der Technologie auf der anderen Seite zu berücksichtigen.

In diesem Sinne ist eine integrierte Ablauf- und Technologieplanung notwendig. Dieser Zusammenhang sei an einem Beispiel erläutert:

Statt Bauteile wie bisher in vielen Stufen spanend zu bearbeiten, ist auch eine Kaltumformung in einem Schritt möglich. Durch diese neue Technologie werden Zwischenlagerbestände, Transportzeiten und Koordinierungsaufwand drastisch reduziert, d. h. die Ablauforganisation vereinfacht sich erheblich.

Nicht nur die Technologie im engeren Sinne muß vor diesem Hintergrund überdacht werden, sondern auch die Diskussion der wirtschaftlichen Automatisierung erscheint in einem anderen Licht. Der prozeßorientierte Ansatz liefert auch hier Hinweise auf zu automatisierende Prozesse sowie den angemessenen Automatisierungsgrad.

Es ist also bei der prozeßorientierten Gestaltung der Ablauforganisation wichtig, rechtzeitig die Potentiale neuer Technologien im Auge zu behalten. Hierfür kann man sich z. B. eines Technologiekalenders bedienen. Er zeigt auf, wann voraussichtlich mit welchen Technologiefortschritten zu rechnen ist.

Neben die Gestaltungsfelder Mensch, Technik, Organisation (MTO) tritt ein weiterer Faktor, der die Wettbewerbsfähigkeit der Unternehmen entscheidend beeinflußt: die Innovationsfähigkeit. Mit Innovation ist die tatsächliche Umsetzung von Ideen in marktreife Produkte gemeint. Eine prozeßorientierte Ablauforganisation hilft, Durchlaufzeiten und Kosten zu reduzieren. Aber ohne die Fähigkeit, die Veränderungen der Kundenanforderungen frühzeitig zu erkennen und mit kreativen Ideen schnell auf dem Markt zu sein, wird ein Unternehmen auf die Dauer nicht bestehen können.

6 Literaturverzeichnis

[Bäc 90] Bäck, H.: Just-in-Time Optimierung im Informations- und Materialfluß - Praktische Methoden, um die Just-in-Time Ausrichtung zu messen und zu steuern In: Planung und Produktion, Nr.4 (1990) S. 13–17

[Ber 92] Berger, R.: Local Hero In: Manager Magazin 12 (1992) S. 202-209

[BMF 91] N.N.: Chancen und Risiken von CIM Ergebnisbericht, Hrsg.: Projektträger Technologiefolgenabschätzung, VDI-Technologiezentrum Düsseldorf im Auftrag des Bundesministers für Forschung und Technologie Düsseldorf, September 1991

[Böh 93] Böhm, H.: Lean Management, In: Didacticum 15 (1993), S. 4 – 6

[Bro 88] Brockhoff, K.: von Ghyczy T.G.J. Die großen Drei im Test, In: Manager Magazin 10 (1988)

[Büd 89] Büdenbender, W.: Entwicklung von Anforderungen und Gestaltungsvorschlägen zur Konzeption einer ganzheitlichen Produktionsplanung und -steuerung für Unternehmen des Maschinenbaus mit serieller inhomogener Auftragsabwicklungsstruktur, Dissertation, RWTH Aachen 1989

[Bul 90] Bullinger, H.-J.: IAO-Studie F&E heute, Industrielle Forschung und Entwicklung in der Bundesrepublik Deutschland gmft-Verlag KG, München 1990

[Bul 91a] Bullinger, H.-J.: Vorgehensweisen und Praxisbeispiele zum Chancenmanagement in den 90er Jahren, In: 10. IAO-Arbeitstagung Stuttgart, 19.-20. Februar 1991 Springer-Verlag (1991), S. 14 – 56

[Bul 91b] Bullinger, H.-J.: Reduzierung der Produktentwicklungszeiten als ganzheitliche Aufgabe, In: Zeitschrift für Logistik 2/91, S.7 – 13

[CIM 92] N.N.: Anbieter-Recherche, CASE Tools für die CIM-Modellierung, In: CIM-Management 4/92, S. 41 – 44

[Coe 91] Coenenberg, A.; Fischer, T. M.: Prozeßkostenrechnung - Strategische Neuorientierung in der Kostenrechnung, In: DBW Jg. 51 (1991) Heft 1, S. 21-38

[Der 90] Dernbach, W.: Krise der traditionellen Arbeitsteilung im Unternehmen, Die Markt- und Wettbewerbsdynamik erzwingt Anpassung, In: Blick durch die Wirtschaft, FAZ vom 31.7.1990

[Ev 89] Eversheim, W.: Simultaneous Engineering - eine organisatorische Chance, VDI Berichte 758: Simultaneous Engineering - Neue Wege des Projektmanagements, VDI Verlag, Düsseldorf 1989

[Ev 90a] Eversheim, W.; Böhmer, D.; Müller, St.; Tränckner, J.: Reorganisation der technischen Auftragsabwicklung - Rationalisierungspotentiale nutzen, In: Industrie-Anzeiger, 112. Jg. (1990) Nr. 68, S. 10 – 18

[Ev 90b] Eversheim, W.: Organisation in der Produktionstechnik Band 2, VDI-Verlag, Düsseldorf 1990

[Ev 90c] Eversheim, W.; Pfeifer, T.; Koenig, W.; Weck, M.: Wettbewerbsfaktor Produktionstechnik Düsseldorf 1990, Hrsg.: AWK, Aachener Werkzeugmaschinen Kolloquium, VDI-Verlag GmbH, Düsseldorf, 1990

[Ev 90d] Eversheim, W.; Müller, U.: Informationsflußanalyse in der Einzel- und Kleinserienproduktion, In: Technische Rundschau 42/90, S. 36 – 41

[Ev 91] Eversheim, W.; Caesar, C.: Produktionsnahe Kostenbewertung am Beispiel variantenreicher Serienprodukte, In: DBW, 51. Jg. (1991), Heft 4, S. 533-536

[Ev 92] Eversheim,W.; Müller, St.; Heuser, Th.: „Schlanke" Informationsflüsse schaffen, In: VDI-Z 134 (1992) 11, S. 66 – 69

[Ev 93a] Eversheim, W;. Müller, S.; Krumm, S.; Popp, W.: Montagegerechte Produktstrukturierung In: VDI-Z 135 (1993) 1/2, S. 67 – 70

[Ev 93b] Eversheim, W;. Pfeifer, T.; Koenig, W.; Weck, M.: Wettbewerbsfaktor Produktionstechnik Düsseldorf 1993 Hrsg.: AWK, Aachener Werkzeugmaschinen Kolloquium, VDI-Verlag GmbH, Düsseldorf, 1993

[Ev 93c] Eversheim,W.; Krumm, St.; Heuser, Th: Prozeßorientierte Auftragsabwicklung - Stärkung der Wettbewerbsfähigkeit erfordert Umdenken, In: VDI-Z 135 (1993) 10, S. 48 – 51

[Ev 93d] Eversheim,W.; Krumm, St.; Heuser, Th.; Müller, St: Process-Oriented Organization of Order Processing In: Annals of the CIRP Vol. 42/1/1993, S. 569 – 571

[Ev 93e] Eversheim,W.; Krumm, St.; Heuser, Th.: Prozeßorientierte Reorganisation der Auftragsabwicklung, In: VDI-Z 135 (1993) 12, S. 119 – 122

[Ev 93f] Eversheim,W.; Laufenberg, L.; Marczinski, G.: Simultaneous Engineering Integrierte Produktentwicklung mit einem zeitparallelen Ansatz, In: CIM Management 2/93, S. 4 – 9

[Ev 93g] Eversheim,W.; Baumann, M. et. al.: Mit Outsourcing auch die Kosten in der Produktion reduzieren, In: io Management Zeitschrift 62 (1993) 10, S. 82 – 86

[Ev 94a] Eversheim, W.; Heuser, T.; Kümper, R.: Verringerung und Beherrschung der Komplexität stärkt die Wettbewerbsfähigkeit, Referat zum Münchner Kolloquium Hrsg.: Milberg, Springer Verlag 1994

[Ev 94b] Eversheim,W.; Lehmann, F.; Krah, O.: Auftragsabwicklung verbessern - aber wie?, In: Planung und Produktion 42 (1994) 6, S. 4–6

[Ev 94c] Eversheim,W.; Krumm, St.; Heuser, Th.; Karsten, W.: Realisierung einer prozeßorientierten Auftragsleitstelle, In: VDI-Z 136 (1994) 1, S. 66 – 69

[Ev 94d] Eversheim,W.; Krumm, St.; Heuser, Th.: Neuordnung der Geschäftsprozesse - Zeit- und Kostenmanagement bei der Gestaltung der Auftragsabwicklung, In: Planung und Produktion 42 (1994) 6, S. 13–16

[Ev 94e] Eversheim, W.; Kümper, R.; Gupta, C.: Verursachungsgerechte Vorkalkulation, in: kostenrechnungspraxis krp

[Fär 81] Färber, K.: Auftragsabwicklung in einer Serienfertigung mit kundenindividuellen Varianten, In: Rationelle Auftragsabwicklung VDI-Berichte 412, VDI-Verlag Düsseldorf 1981, S. 23ff

[Faz 90] N.N: Höhere Kosten und Abschreibungen drückten das Ford-Ergebnis, In: FAZ Nr. 141, 6/1990, S. 18

[Fri 89] Friedmann, T: Integration von Produktentwicklung und Montageplanung durch neue, rechnergestützte Verfahren, Dissertation, Universität Karlsruhe 1989

[Gai 83] Gaitanides, M.: Prozeßorganisation, Entwicklung, Ansätze und Programme prozeßorientierter Organisationsgestaltung, Verlag F. Vahlen, München 1983

[Gla 92] Glaser, H.: Prozeßkostenrechnung - Darstellung und Kritik, In: zfbf Jg. 44 (1992), Heft 4, S. 275-288

[Gro 90] Groß, M.: Planung der Auftragsabwicklung komplexer variantenreicher Produkte, Dissertation, RWTH Aachen 1990

[Gro 92] Groß, M.; Müller, St.; Heuser, Th.: Schlank und rank, In: Fabrik 2000 2/1992, S. 21 – 25

[Hor 92] Horváth, P., u.a.: Prozeßkostenrechnung - oder wie die Theorie die Praxis überholt, Stuttgart, 1992

[Hru 88] Hruschka, P.: Das Entwicklungssystem ProMod der GEI mbH, Anleitung zu einer praxisorientierten Software-Entwicklungsumgebung, Band 2 Angewandte Informationstechnik Halbergmoos 1988

[Jae 77] Jaeger, H.: Techniken der Darstellung computergestützter Informationssysteme, Dissertation, ETH Zürich 1977

[Jah 91] Jahn, S.: Entwicklungs-Engineering: zeitorientierte Produktkonzeption und integrierte Entwicklungskonzepte, In: 3. F & E Management-Forum Frankfurt, 5. und 6. November 1991, gfmt-Verlags KG 1991, S. 166

[Kmp 92] Kümper, R.; Lehmann, F.: Variantenmanagement durch verursachungsgerechte Produktbewertung, In: Horváth, P. (Hrsg. 1992), Effektives und schlankes Controlling, Schäffer Poeschel Verlag, Stuttgart, 1992, S. 141-168

[Kmp 92] Kümper, R.; Lehmann, F.: Variantenmanagement durch verursachungsgerechte Produktbewertung, In: Horváth, P. (Hrsg. 1992), Effektives und schlankes Controlling, Schäffer Poeschel Verlag, Stuttgart, 1992, S. 141-168

[Kmp 94] Kümper, R.: Kostentransparenz frühzeitig erzeugen In: Vortragsband zum Seminar Prozeßkostenrechnung (Hrsg. CIM GmbH), Aachen 1994

[Kro 93] Krogh, H.: Gefährliche Kreuzung, In: Manager Magazin 2 (1993), S. 127 – 132

[Lh 93] Linnhoff, M.: Konzeption eines Instrumentariums zur Konfiguration von funktionalen Auftragsnetzen, Dissertation, RWTH Aachen 1993

[Loo 89] Loos, U.: Auftragsabwicklung verbessern - aber wie?, In: CIM-Management, 5. Jg. (1989) Nr. 2, S. 15-19

[Luc 90] Luczak, H.; Reuschenbach, Th.; Steidel, F.: Simulation von Konstruktionsabteilungen im Hinblick auf CAD-Organisationsmodelle, In: E. Zahn (Hrsg): Organisationsstrategie und Produktion, gfmt München 1990, S. 283

[Män 93] Männel, W.: Moderne Konzepte für Kostenrechnung, Controlling und Kostenmanagement, In: KRP, Jg. 37 (1993), Heft 2, S. 69-78

[Mar 79] De Marco, T.: Structured Analysis and System Specification, Yourdon Press, A Prentice-Hall Company, New Jersey 1979

[Mer 92] Mertens, P.; Holzner, J.: Wi - State of the Art, Eine Gegenüberstellung von Integrationsansätzen der Wirtschaftsinformatik, In: Wirtschaftsinformatik 34 (1992), S. 5 – 25

[Met 93] Mertins, K.; Kiowski, J. et. al.: Der unternehmensspezifische Kernprozeß, In: ZwF 88 (1993) 2, S. 84-86

[Mey 92] De Meyer, A: Zitiert in: Boutellier, R.; Simultaneous Engineering, -Prozeßgestaltung in den indirekten Bereichen, Seminarveranstaltung des VDI-Bildungswerks, Düsseldorf 1./2. Oktober 1992

[Mil 92a] Milberg, J.; Koepfer, Th.: Aufgaben- und Rechnerintegration - ein Gegensatz zur schlanken Produktion?, In: VDI-Bericht 990, VDI-Verlag (1992), S. 1 – 23

[Mil 92b] Milberg, J.: Flexibilität braucht dezentrale Organisation, In: VDI-Nachrichten, 10. Januar (1992), S. 11

[Mls 92] Müller, S.: Entwicklung einer Methode zur prozeßorientierten Reorganisation der technischen Auftragsabwicklung komplexer Produkte, Dissertation, RWTH Aachen 1992

[Nec 91] Necker, T.: Veränderung der Märkte und ihre Auswirkungen auf den Produktionsbetrieb, Vortragsband zum fertigungstechnischen Kolloquium ́91, Springer Verlag, Stuttgart 1991, S. 1 – 2

[Nn 91] N.N: Branchenweite Stagnation, In: Automobil-Produktion November 1991, S. 115 – 116

[Per 90] Pernicky, R.: Die letzte Reserve, In: Manager Magazin 3 (1990)

[Pet 87] Peters, G.: Ablauforganisation und Informationstechnologie im Büro: Konzeptionelle Überlegungen und empirisch-explorative Studie, Müller Botermann Verlag Köln 1988 (Reihe: Personalwesen, Organisation, Unternehmensführung, Band 5), zugl. Dissertation, Universität Köln 1987

[Pf 93] Pfeifer, T.: Qualitätsmanagement, Strategien - Methoden - techniken, Carl Hanser Verlag, 1993

[Pis 91] Pischetsrieder, B.: Zeitorientierte Ablauforganisation Anforderungen, Ansatzpunkte, Instrumente, In: Wettbewerbsfaktor Zeit in Produktionsunternehmen, Hrsg.: Milberg J. Springer-Verlag, Heidelberg, New York 1991

[Pre 90] Preiss, W.: Fix im Fiz, Kurze Wege durch Vernetzung von Werkstatt und Bürokomplex, In: VDI Nachrichten Nr. 31 vom 3. August 1990

[Rei 90] Reichwald, R. Schmelzer, H. J.: Durchlaufzeiten in der Entwicklung, R. Oldenbourg Verlag, München, Wien 1990

[Roe 91] Roever, M.: Kettenreaktion, In: Manager Magazin 12/91, S. 243 – 249

[Roh 90] Rohe, E.-H.: Unternehmensziel Umweltschutz vor dem Hintergrund internationaler Umweltpolitik, In: ZfB-Ergänzungsheft 2 (1990), S. 23 – 40

[Rom 93] Rommel, G.; Brück, F.; Diedrichs, R.; Kempis, R.; Kluge, J.: Einfach überlegen, Das Unternehmenskonzept, das die Schlanken schlank und die Schnellen schnell macht, Schäffer-Poeschel Verlag, Stuttgart 1993

[Sai 89] de Saint-Exupéry, A.: Wind, Sand und Sterne Düsseldorf, 1989

[Sau 88] Sauerbrey, G.: Planung organisatorischer Veränderungen im Rahmen von Integrationsansätzen, Produktionsforum ´88: Die CIM-fähige Fabrik, Springer Verlag, Heidelberg, New York 1988

[Sch 88] Schmelzer, H. J.; Buttermilch, K.-H.: Reduzierung der Entwicklungszeiten in der Produktentwicklung als ganzheitliches Problem, In: Zeitmanagement in Forschung und Entwicklung, Zfbf Sonderheft 23 (1988), Hrsg.: Brockhoff, K. / Picot, A. / Urban, C., S. 43 – 73

[Sch 90] Scholz-Reiter, B.: Konzeption eines rechnergestützten Werkzeugs zur Analyse und Modellierung integrierter Informations- und Kommunikationssysteme in Produktionsunternehmen, Dissertation, TU Berlin 1990

[Scn 90] Schnopp, R.: Ein ganzheitliches Konzept zur Gestaltung der Entwicklungsorganisation, Tagungsunterlagen zum AWF-Seminar: Optimierung von Entwicklungszeiten, Bad Soden 1990

[Scu 88] Schuh, G.: Gestaltung und Bewertung von Produktvarianten,Dissertation, RWTH Aachen 1988

[Scw 90] Schwarze, J.: Netzplantechnik - Eine Einführung in das Projektmanagement, Verlag Neue Wirtschaftsbriefe, Herne, Berlin 1990

[Sdt 88] Schmidt, H.: Konzeption eines Kostenmodells für integrierte Systeme, gezeigt am Beispiel flexibler Fertigungssysteme, Dissertation RWTH Aachen, 1988

[Sei 90] Seiffert, U.: Die Zukunft der integrierten Produktentwicklung, Sonderteil in Hanser-Fachzeitschriften, Carl Hanser Verlag, München, März 1990

[Sim 93] Simon, H.: Stein der Weisen, In: Manager Magazin 2 (1993), S. 134 – 140

[Str 88] Striening, H.-D.: Prozeß Management: Versuch eines integrierten Konzeptes situationsadäquater Gestaltung von Verwaltungsprozessen in multinationalen Unternehmen, Dissertation, Universtiät Karlsruhe 1988

[The 91] Theerkorn, U.: Problematik einer veränderten Produktion, In: Werkstattstechnik (wt) 81 (1991), S. 607 – 611

[Töp 93] Töpfer, A.; Mehdorn, H.: Total Quality Management: Anforderungen und Umsetzung in Unternehmen; Luchterhand, 2. Aufl. 1993

[Trk 90] Tränckner, J.: Entwicklung eines prozeß- und elementeorientierten Modells zur Analyse und Gestaltung der technischen Auftragsabwicklung von komplexen Produkten, Dissertation, RWTH Aachen 1990

[VDM 92] N.N.: Kennzahlenkompaß, Informationen für Unternehmen und Führungskräfte, Maschinenbau Verlag VDMA Ausgabe 1992

[War 89] Warnecke, H.-J.: Entwicklungstendenzen in der technischen Betriebsführung in den USA und Europa, Organisation und Personalführung beim Einsatz neuer Technologien, Verlag TÜV Rheinland, Köln 1989

[War 92] Warnecke, H.-J.; Hüser, M: Die Fraktale Fabrik: Revolution der Unternehmenskultur, Springer-Verlag, Berlin, Heidelberg 1992

[War 93] Warnecke, H. J.; Bullinger, H.-J.: Wege aus der Krise - Geschäftsprozeßoptimierung und Informationslogistik, 12. IAO Arbeitstagung, Stuttgart, 1993, Springer-Verlag 1993

[Wed 87] Wedekind, E.E.: Interaktive Bestimmung von Aufbau- und Ablauforganisation als Instrument des Informationsmanagements, Dissertation, Universität Bochum 1987

[Wie 87] Wiendahl H.-P.: Belastungsorientierte Fertigungssteuerung Carl Hanser Verlag, München, Wien 1987

[Wil 92] Wildemann, H.: Unter Herstellern und Zulieferern wird die Arbeit neu verteilt, In: Harvard Manager 2/1992, S. 82 – 93

[Zäp 89] Zäpfel, G.: Strategisches Produktionsmanagement, de Gruyter Verlag, Berlin, New York 1989

Sachwortverzeichnis

Bestellkarte

Ich möchte mich von PROPLAN® gerne
persönlich überzeugen!

☐ Bitte übersenden Sie mir weitere Unterlagen
über die Einsatzmöglichkeit der Software!

☐ Bitte übersenden Sie mir eine Demo-Version!